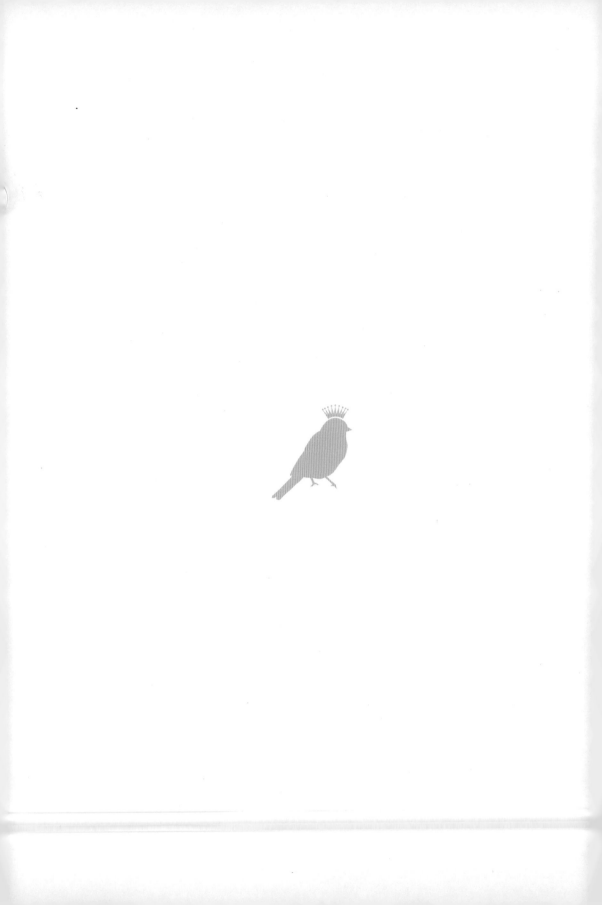

JEWELRY

FROM ANTIQUITY

TO THE PRESENT

[澳] 克莱尔·菲利普斯 著 朱园园 薛岩 译

圣经

从古至今 全面讲述西方珠宝发展进史

珠宝

中国轻工业出版社

译者序

　　本书的翻译源于我和柴晓有一次在探讨一件古董珠宝的断代问题时，突然意识到尽管古董珠宝在国内仍处于一个非常小众的领域，但是我们身边有越来越多的人开始关注和了解古董珠宝。不过时至今日与之相关的中文书籍却少之又少。于是我们便开始寻找，是否有这样一本书能够既专业又相对简洁地将古董珠宝发展史完全覆盖，《珠宝圣经》*Jewelry: From Antiquity to the Present*正是我们寻找的这本书。于是，翻译工作开始了。

　　这本书的作者克莱尔·菲利普斯女士（Clare Phillips）就职于英国维多利亚及阿尔伯特博物馆（Victoria and Albert Museum，简称V&A博物馆）。V&A博物馆成立于1852年，是全世界第一家专注于装饰艺术领域的博物馆，也是全世界装饰艺术类藏品最多的博物馆。因此V&A博物馆的珠宝藏品中除了大量工艺精湛、价值昂贵的精品，能够代表佩戴者的身份与地位之外，还包含许多更具生活气息和烟火味的小样作品，这些作品往往更能够透露出佩戴者所处时代的生活。作为V&A博物馆金工与珠宝部门馆长，克莱尔·菲利普斯对于古董珠宝有着扎实的专业背景和自己独到的理解，撰写了多本与古董珠宝相关的著作。

　　我们所选择的这本《珠宝圣经》，从史前文明人类所佩戴的饰品一直覆盖到1996年前后（此书第一次出版时间为1996年）出现的现代珠宝，尽管字数不算太多，但很好地总结和概括了各个时期珠宝的风格特色、制作工艺、材料来源，以及这些珠宝背后的历史背景。这也是我们选择此书的重要原因，希望读者能够感受到这本书带来的满满"干货"。本书共收录珍贵图片174张，阅读时会出现正文提及图片需要读者跨章节看图或一图多次引用的情况。这是因为原作者按照图片主体年代远近依次编号，图号从小到大也为读者展示了珠宝发展的时间先后。译本保留了原著图片编号排序特点，希望能让读者更贴近原作者的思路和想法。

在翻译的过程中，我们也遇到了不少问题，有不少涉及古董珠宝的英文单词很难与中文百分之百的对应，例如代表服饰上出现的夹扣，本书中分别用了clasp（扣钩）、fibulae（扣针）、buckle（扣环）、fastener（系扣）、morse（钩扣）不同的单词。这些词所代表的饰品本质上大同小异，但是我们出于尽可能尊重原文的原则将其对应到了不同的中文词汇，也尽量遵照国内古董文物约定俗成的方式做了一定的调整，希望能够让读者更直观地了解所描述的珠宝首饰。但必须承认的是，在此过程中可能会有一些与国内的教材上的称呼有所不同，我们希望能够借此书抛砖引玉，借助这个机会与各位业内专家、珠宝爱好者进行更多的交流分享，让越来越多的人了解到珠宝的魅力。

最后，我们也希望通过这本书能够打破当下部分人对于珠宝的"成见"。珠宝对于很多人来说似乎是一个较为遥远、贵不可攀的话题。有不少人对于珠宝的印象是平时接触不到或是接触不起的漂亮饰品。我们希望各位读者能够了解到珠宝未必高高在上，它可能仅仅是上万年前的一串贝壳，也可以是几十年前彩色玻璃制成的工业化产物；珠宝未必只靠大颗粒宝石才能发光发亮，除了承载着宝石的价值之外，它还可以是金珠工艺、卡梅奥、金银细丝等古老工艺的重生；珠宝未必只能代表爱情，它是一个时代的时尚、审美、科技的缩影，它可以体现宗教、代表身份、寄托感情。我们希望各位读者能够通过此书对珠宝及其背后的历史文化有更全面的认识，也透过珠宝找寻到各自不同的兴趣和对文化的理解。

别智韬

2019年3月

目 录

Contents

CHAPTER 1

第一章
远古世界

公元前 30000 年—公元 1 世纪

　　在人类社会发展过程中，珠宝自古以来都占有重要的地位，是一种重要的文化符号。全球各地的不同族群创造和发展出了各自不同的珠宝风格，但伴随着人类社群间的商贸往来和冲突，不同的珠宝风格有了相互交融。不过珠宝始终是人类自我装饰欲望的极大满足，这一特质亘古未变。现代人只能凭借考古学家发现的那些古代陪葬品或是历经乱世流传下来的物件来了解和认知古董珠宝。虽然可供研究的存世品有限，不可能毫无遗漏地将各个时期的珠宝文化完整再现，但是幸存的珠宝囊括了早期原始人类的简易首饰以及近东地区和埃及等地区所制作的繁复珠宝，这些作品足以为古董珠宝研究者们呈现出珠宝风格和技艺的发展路径。

　　追溯珠宝的起源，人类早在能够铸造金属或雕刻石料之前，就

1
这串贝壳化石制成的珠串，来自公元前28000年前，出土自旧石器时期晚期（Upper Palaeolithic）摩拉维亚（Moravia）的巴普洛夫（Pavlov）考古遗迹。

已经开始装饰自己的身体了。原始的珠子很多采用坚硬的植物种子、浆果或贝壳等制成【图1】。公元前30000年，欧洲不同地区的猎人们开始佩戴动物的骨骼和牙齿制成的吊坠，在装饰自己的同时，他们也相信这些吊坠可以作为护身符保佑狩猎的成功。随着技术的发展，人们开始有能力对石料进行钻孔和雕刻，首饰的种类也不断丰富起来。在对早期人类聚集地的发掘中，珠子仍是最常见的人工制品，这种便于佩戴和组合的形状足以满足人类装饰自我的需要，以致在接下来的两万年中除了常规形状的雕刻和简单的表面装饰，几乎没有进一步的发展。直到金属加工技术的出现，首饰形状才迎来一个新的突破。

在远古时代的首饰上，黄金是最主要的金属，因其稀有、美丽、柔韧而受到人们青睐，而黄金饱满富丽的光泽和"不怕火炼"的特性也备受尊崇。最早发现黄金的地区有埃及、努比亚、阿拉伯和安纳托利亚，而后在巴尔干半岛西部、西班牙、爱尔兰也有发现。黄金最初出产自次生矿，被淘金者用淘选盘从河床的沙砾中淘选出来。由于黄金的密度大于其他矿石，它会沉到淘选盘的底部，而其他矿石碎片及杂质则会被水流冲走，所以淘选一度是最主要的采金方式。另一方法是利用一张浸没水中的羊皮兜住沉落的颗粒，而后将羊皮晒干，通过抖动干羊皮采集之前吸附的金粉（这一方法也为"金羊毛传奇"提供了另一层解释）。在公元前2000年左右，人们通过粉碎岩石，把更多的黄金从石英岩类的卵石中采集出来，最终罗马人发展出了黄金的露天开采和隧道开采。之后持续的金矿开采和老旧黄金的反复熔炼，保持了黄金供应量的不断增加。与现在的黄金判定标准不同，早年珠宝上使用的黄金很少出现我们现在常说的24K或99足金的"纯金"。受当时冶炼技术所限，黄金天然包含的银和铜无法被剔除，有时银的占比可以高达25%，由于这种含银量较高的"黄金"看起来呈灰白色，因此被称为"银金"。

古代的金匠将黄金夹在数张毛皮或纸莎草中捶打成薄片，大部分早期的黄金首饰都是通过这些薄片制成。通常薄片的厚度约为0.1毫米（1/250英寸），而用于墓葬装饰上的薄片厚度甚至可以仅有0.003毫米。这些薄片要么平整地被切割成装饰性的形状，要么贴附在沙石或硫黄材质的立体造型表面。当时黄金片主要的装饰加工技艺为"錾花"和"冲压"工艺。"錾花"即通过在金属背面的重击捶打产生正面的凹凸花纹。"冲压"工艺借助铜质模型或模具，可以大批量生产相同图纹的金属首饰或配件，大大提升了产量。黄金球珠的制造也可以通过冲压工艺实现，工匠只需通过模具制作两个等大的半圆，然后组合在一起成为球形。金饰表面的细节可以用"金银花丝"工艺进一步修饰。即将金丝扭成一束或制成小金珠，让被装饰的表面突起的花纹更细腻。还有一种方法将微小的金珠贴附于被装饰物表面，这种古老的工艺叫作"金珠工艺"【图13】，也有翻译称为"黄金造粒"，而中国传统珠宝工艺中的"炸珠"，也属于金珠工艺的一种形式。有时候立体的首饰也会利用"失蜡法"铸造，即需要将首饰先制成精准的蜡模，然后在蜡模表面浇注多层石膏等待凝结，接着在石膏层钻孔，加热石膏后蜡模熔化从小孔处流出，留下一个空心的石膏模具，最后灌注熔化的黄金待冷却后成型。

人们在美索布达米亚（Mesopotamia）南部，发现了公元前2500年的苏美尔文明（Sumerian），其中乌尔王（Ur）陵墓出土了部分最早期的黄金首饰。奢华的皇室陪葬习俗将墓主的仆人、守卫、音乐家以及大量的罕见珠宝首饰都随之尘封地下。这些由黄金、青金石、红玉髓和玛瑙等构成的精美珠宝首饰造型各异，用黄金薄片切出丝带、圆盘、树叶等形状，并在叶子表面压刻出叶脉的纹路。工匠们用红蓝图案点缀着表面雕花的珠子，同时还搭配着薄金箔包裹石头制成的金色珠子。一件件精巧别致的作品向后人证实了当时的珠宝工匠已经达到相当高超的工艺水准。在王后普阿比（Pu-abi）的墓中发现的珠宝更是美不胜收【图3】，她的长袍由肩膀上的三枚镶嵌着圆珠的黄金别针固定，全身佩戴着由宝石雕刻的珠子串联组成的项链、腰带和袜带。双耳佩戴硕大的新月造型耳饰，每个手指上都戴有名贵的戒指。在她身边有一件工艺繁复的头饰，主体由石质珠管、黄金、青金石圆片、金叶子花环组成，搭配金丝网格上三朵具有象征意义的黄金花朵，整个造型浑然一体。不仅墓主，随葬的六十三位随从也全身珠光宝气，女性佩戴装饰有金叶的头带，以及各种耳饰、贴颈项链、项链、手镯和戒指，男性佩戴耳饰、项链、臂带、手镯和胸饰。

另外一处重要的人类珠宝文化遗产来自海因里希·谢里曼（Heinrich Schliemann）1873年在土耳其北部发现的公元前3000年左右的古代特洛伊（Troy）遗迹。受荷马史诗《伊利亚特》的启发，他相信自己发现了末代国王希里阿摩斯（Priam）的宝藏，据说该宝藏埋藏于公元前1184年特洛伊围城前后。但实际上这批出土的首饰年代更为久远，大约制作于公元前2200年。其中两项链带拼接构成的冠冕造型独特工艺繁复【图2】，链带由两千多件微小的黄金树叶垂直排列，额前的部分好似刘海般轻盈，两颊的流苏垂至肩膀宛若瀑布般流畅。一同现世的珍宝，还有一条项链、六只手镯、六十件耳饰以及八千多枚戒指。

1922年霍华德·卡特（Howard Carter）和卡那封勋爵（Lord Carnarvon）在埃及的帝王谷发现了法老图坦卡蒙（Tutankhamun）的墓藏。公元前1327年在他去世的时候正好是埃及珠宝首饰的鼎盛时期，

2

考古学家海因里希·谢里曼的妻子索菲亚·谢里曼（Sophia Schliemann）正在佩戴他从特洛伊遗址中发掘出来的黄金首饰（公元前2200年）。

在他墓中发现了古埃及整个王朝时期（Dynasty Period）幸存的最华美的珠宝。从这些首饰上浓郁的色彩和高度发达的象征主义可以看出，自公元前4000年前王朝的巴达里期文明（Badarian）开始一直延续下来的珠宝首饰传统制作工艺达到了顶峰。早期文明中采用多层滑石（一种带有亮绿色光泽且质地柔软的石材）珠串制成大型腰带，同时也有象牙镯子和贝壳臂带。

3

公元前2500年苏美尔时期
的乌尔市出土的宫廷首饰，
主要由黄金、青金石、红玉
髓制成，包含了王后普阿
比的头饰和她的其他陪葬
珠宝。

珠宝首饰在埃及人各阶层生活中都占有一席之地。珠宝
不仅可以为当时普遍穿着的白色亚麻布简约服装增加色彩，
也在与死亡相关的习俗中起着极为重要的作用，尤其在陪葬
文化习俗中的不可或缺，使得众多珠宝首饰得以经历万世封
存地下保存至今。由于埃及及其以南地区是古代时期重要的
黄金出产地，因此皇室木乃伊得以被制作得金碧辉煌。亡者
要被装扮得十分隆重，通常穿戴与生前一样的珠宝首饰（尽管部分黄金饰品
是专门为了墓葬而打造的，质地更为轻薄），同时他们的棺椁内外都贴满了黄
金。那时候就算是普通百姓安葬也会随葬几条简单的项链。几个世纪以来，虽
然无数的珠宝首饰以这种方式随主人长眠地下，但是时至今日其中绝大部分都
被历代的盗墓者掠夺占用或回炉熔化。

手臂装饰既是埃及珠宝首饰的一大特色也是重要组成部分。埃及首饰的图
案形制相对较为局限，因为除了装饰效果，带有巫术或宗教色彩的设计更具重
要性。最常见的设计元素是圣甲虫，代表着太阳和创生；乌加特之眼［Eye of
Udjat，天神荷鲁斯（Horus）的眼睛］，据说能够抵御邪恶；尼罗河上在清
晨朝阳下盛开的莲花，是重生的象征。其他反复重现的形象包括各种神灵的形
象、平结以及象形文字。在颜色的应用上同样也充满了象征性含义【图6、图
8】。埃及首饰的颜色十分丰富，各种颜色艳丽的矿物成了珠宝匠人的设计调
色板，典型代表如青金石、绿松石、绿色长石和红玉髓（除了青金石需从阿富
汗进口，其他在本地都有出产）。根据《亡灵书》记载，暗蓝色代表夜空；绿
色代表新生和重生；红色代表血液，也意味着能量和生命。这些石头要么被雕
刻成珠子，要么被切割成特定的形状，如同拼图般被珠宝匠人镶嵌组合在不同
的作品中。除了天然材料，人造材料的使用也为珠宝创作提供了更丰富的元
素，如彩色玻璃或者彩陶——一种特殊的釉质具有多个颜色，可以模仿任何宝
石外观，也可以被铸模成任意形状。

韦塞克项圈（Wesekh）是一种典型的埃及特色的宽大项圈【图4】，由多层不同大小和颜色的圆柱形珠子垂直排列而成，两端是半圆形或是鹰头状的造型。这种款式的项链最早出现于第四王朝（公元前2613年-公元前2494年），在整个王朝时期都十分流行。阿玛尔纳时期（Amarna Period）（公元前1380年-公元前1350年）自然主义短暂地蓬勃起来，颜色亮丽的彩陶珠子被加工成树叶、花瓣和水果形状应用于首饰。另一种可以挂在脖子上的首饰是胸饰（Pectoral Ornaments）或挂在多层珠串下方的大型吊坠。大多数的胸饰吊坠是在长方形边框中镶嵌象征性图案，但在图坦卡蒙墓（该墓共发现了二十六件胸部装饰物）中，发现了一种不带边框的新式吊坠【图8】。正面是由彩色石料镶嵌的图案，背面用重叠浮雕花纹的黄金包出轮廓。由于前面的吊坠较大，有的项链会配搭一个小一点的平衡坠作为配重戴在脖子后面缓解前坠感。彩色石料和彩陶通常被加工成子安贝、鱼、花朵等形状，组成简单的项链。

手镯也是贯穿整个王朝时期的首饰类型，通常成对制作，并经常与戴在上臂的臂环匹配。手镯一开始只是简单的闭环镯子，但从公元前2000年开始，带有扣钩的手镯开始出现。典型的款式由几列珠串构成，被黄金垫片分割成不

4
这条宽大的埃及项圈两端呈鹰头状，中间的珠串上包含黄金、红玉髓、绿松石和彩陶。它来自于十二王朝末期（公元前1850年—公元前1775年），出土自一个名为塞内提斯（Senebtisi）的女性墓葬中。

同的色块，构成扣钩的黄金板上也镶嵌着宝石。手镯通常形状巨大，两件属于公元前1850年西特哈索尔尤奈特（Sit-Hathor-Yunet）公主的手镯【图6】，由37列小绿松石和红玉髓珠串组成。其他宽大的手镯通过铰链扣链接黄金外圈，自公元前1540年开始出现，该款式从未落伍。

从公元前2000年起，戒指在埃及也逐渐流行起来，特别是可以作为便携式印章使用的圣甲虫印章戒指。这种戒指通常在宝石雕成的圣甲虫两侧打对穿孔，然后在甲虫背面刻上象形文字拼写的署名。最初人们用绳子横穿圣甲虫身侧的小孔，将其绑在手指上，这便是印章戒指的雏形。不久这种容易在佩戴中磨损断开的棉绳，被更为经久耐用的金丝代替。从公元前1500年开始，工匠则开始使用铆钉将圣甲虫固定在戒指转轴上，使之旋转。到了图坦卡蒙时期，印章戒指的款型日趋成型——戒指的正面镶嵌一枚刻有名字的宝石，并用装饰性花纹的黄金边框包边。同时戒指也演变得更为精致，有的会镶嵌神灵或是图腾神兽的雕像，也有的会用宝石镶嵌出莲花形状。

直到公元前1600年左右，耳饰才在埃及出现。最初只有女性佩戴耳饰。数个金圈被焊接在一起，形成一只层层叠叠的宽大金环，佩戴时将中间的那只金圈穿过耳洞。后来其他款式的耳饰形态陆续出现，有镂空的树叶、圆形耳钉等，虽然部分耳饰的形状已被损坏，但也不难看出，当时的耳饰需要较大的耳洞才能佩戴。也有些耳饰的圆环略微错开，利用环间的空隙夹固在耳垂上。除了金属材质，还有用彩陶制成的相同款耳饰。两百年后，耳饰不再是女性的专属而慢慢被男性接受。与图坦卡蒙一样，公元前1390年的法老图特摩斯四世（Tuthmosis IV）也有耳洞，并且佩戴了鸭子形状的耳饰。

我们从古代壁画和雕塑中看到了种类繁多的冠冕和头饰。专家推测有些头饰可能是从以前人们习惯佩戴的花环样式发展而来。例如在达舒尔地区（Dahshur）发现的公元前1895年克努米特公主（Princess Khnumet）墓葬中，有一顶精致的头箍（circlet），是由黄金细丝围成，上面镶嵌着花朵般绚丽的彩色宝石。那时年轻的公主为了可以展现珠光宝气的头饰，不惜剃掉自己

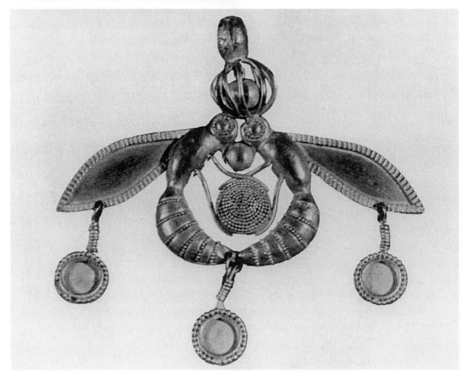

的真发而佩戴假发。现存的一件华丽的假发是西特哈索尔尤奈特公主（Sit-Hathor-Yunet）搭配头饰佩戴的【图5】，浓密的发丝被分成数束，用大量宽大的黄金戒指捆扎。公主头围上还戴了一个黄金头箍，头箍的表面规律地排布着寓意的花朵，而中间一条眼镜蛇作为皇室的守护者正躬身凝视前方。通常首饰上的动物会暗示主人的地位，冠冕上的瞪羚造型意味着拥有者是皇室女眷；秃鹰则是法老的象征，只有大王后（国王正妻）才有资格佩戴。男性同样也佩戴头饰，图坦卡蒙有一只覆盖脸部的黄金面具，镶嵌着各色彩色宝石组成的条带，正中间有一只秃鹰和一条眼镜蛇。

公元前2500年，在埃及的西部，遥远的地中海克里特岛上（Crete），成熟的文明社会渐渐形成，被称为克里特文明（Minoan，又名米诺斯文明）。岛东部的莫克罗斯（Mochlos）地区是当地文明发展的中心。在这里技艺精湛的工匠利用通过贸易引进的黄金制成简单的冠冕、吊坠，利用金属薄片制成雏菊花朵（Daisy-headed）样式的发簪。由于当时发生了大地震，对包含珠宝在内的物质文明造成了毁灭性打击，我们对于克里特中期（公元前2000年—公元前1600年）的珠宝发掘甚少，万幸的是有一枚工艺极高的吊坠幸免于难，吊坠上两只蜜蜂环抱着蜂巢和一只金球，造型栩栩如生【图7】。此后出现在克里特晚期（公元前1600年-公元前1110年）的珠宝上不仅有青金石、彩陶等新材料的使用，还伴随出现了金银花丝、金珠工艺等工艺，图案造型也受到埃及首饰的极大影响。

8

这件首饰是图坦卡蒙墓中发现的二十六枚胸饰之一（公元前1336年—公元前1327年）。这件作品体现了埃及珠宝的
典型特色：青金石、红玉髓、玉髓、方解石、绿松石、黑曜石和彩色宝石构成了珠宝上浓郁而不透明的色块，背
后则有黄金和白银制成框架。设计图案包括乌加特之眼、张开翅膀的圣甲虫、头顶太阳环的眼镜蛇和莲花花朵与
花苞。

9

这几件希腊黄金首饰来自希腊化时期，带有石榴石、珐琅、金银花丝的装饰。（上方）公元前3世纪的冠冕，由纽带状的金环组成，正中间有一个平结，也叫赫拉克勒斯结；（中间）冠冕上的赫拉克勒斯结，来自公元前2世纪；（下方）带有新月形吊坠的项链，来自公元前2世纪。赫拉克勒斯结起源于古埃及，新月起源于亚洲。

公元前1400年，来自希腊主岛的迈锡尼文明（Mycenae）入侵并占领了克里特岛。但由于两种文明早已在多方面相互融合，这一事件对当时的珠宝风格几乎没有什么影响。1870年海因里希·谢里曼在迈锡尼（Mycenae）古城的竖井墓中发现大量克里特晚期的优质珠宝，也充分印证了两种文明在珠宝方面的关联。珠宝工艺在这一时期得到长足的发展，人们开始利用简易模具在黄金薄片上印出固定的图形，然后将两片对称的金片拼在一起，并在中间空隙处注入泥沙，使之更为坚固。大批量生产的涡漩、贝壳、花朵、甲虫等形状的珠子，更多印章戒指的复杂雕刻，彩色宝石的镶嵌，简单珐琅的应用，以及精致珠宝长链的出现都体现了工艺上显著的进步。迈锡尼帝国从公元前1100年开始逐步衰落，许多精湛的工艺也随之失传，直到公元前8世纪希腊文明复兴后才得以再现。在希腊文明崛起的同时，地中海地区其他文明也蓬勃发展，公元前7世纪左右在罗得岛（Island of Rhodes）、米洛岛（Island of Melos）上都发现了繁复的珠宝首饰。

在古风时期（Archaic Period）和古典时期（Classical Period）（公元前660年–公元前330年），黄金材质一度稀缺导致希腊珠宝匠人陷入窘境。这一时期的华丽珠宝有些发现于公元前6世纪的辛佐斯（Sindos）遗址，而大多数来自公元前4世纪的意大利南部富饶的希腊城邦塔兰托（Taranto），以及克里米亚（Crimea）半岛。当时的项链非常漂亮【图10】，项链吊坠被打造成惟妙惟肖的女性脸庞、玫瑰花结、橡果、甜瓜等形状。耳饰呈船形，通常下方还悬垂着珠串流苏，上方装饰着玫瑰花结。还有一类耳饰用黄金细管螺旋排布坠于耳后，正面的动物头像则微微上扬紧贴耳朵。

公元前330年—公元前27年的希腊化时期（Hellenistic Period）是黄金和珠宝富足的时期。在腓力二世（Philip II）

10

公元前4世纪的项链来自意大利南部的塔兰托城，当时是希腊的殖民地。项链的链条呈玫瑰花结的形状，外围悬挂着蓓蕾和女性头像状的空心黄金吊坠。

统治下，人们开始从色雷斯（Thrace）挖掘金矿。他的儿子亚历山大大帝（Alexander the Great）登基后，大量波斯的黄金作为战利品被劫掠回希腊。在公元前322年，由于亚历山大大帝杰出的军事攻略，随着大部分埃及和西亚地区被纳入他的帝国版图，这些地区出产的宝石也成为希腊珠宝制作的新供给，同时新的设计及工艺也随之发展。希腊化时期珠宝的一个重要特点就是色彩丰富，工匠们将彩色宝石、玻璃、珐琅等材料切成一个个小扁片嵌在珠宝上。石榴石是当时最常用的宝石，在这一时期尾声，祖母绿、紫水晶、珍珠等也频繁出现【图9】。

宝石雕刻师们在宝石上模拟当时雕塑的风格，采用弓钻、磨盘、磨粉等工具雕琢宝石，再用钻石原石的顶尖进行细微的刻画，使得宝石雕刻水平日趋精进。之前主要用于印章戒指雕刻的凹雕（图案部分挖空）技术，开始应用到红玉髓等石材上【图11】。而浮雕（也叫卡梅奥Cameos，图案部分突起）在这一时期作为一种纯粹的装饰技艺出现。印度出产的红玛瑙由于具有天然的棕色和乳白色分层条带，所以是制作卡梅奥的绝佳材料【图45】。工匠通常以棕色层为底色，雕刻掉上层多余的白色，于是白色主体浮雕造型与棕色底色明暗突出、轮廓分明、相得益彰。

工匠们通过冲压和金银花丝工艺使珠宝表面纹路繁复。最早出现在埃及珠宝上的平结【图9】，又叫赫拉克勒斯结（Hercules knot），成为当时最常见的纹式，醒目地位于冠冕、项链、手镯、戒指中心位置。从西亚地区传入的新月形吊坠，既是饰品，也被赋予护身符的意义【图9】。冠冕是这一时期珠宝的主要形制。通常冠冕中心要么有一个赫拉克勒斯结，要么有一块山峰形、带有冲压花纹的黄金装饰。项链此时多为辫绳状的金带（strap），上面悬挂着空心的花苞形金珠流苏，而且当时的项链并不像今天这样环绕在脖子上，典型的戴法是佩戴于两个肩膀之间。人们推崇佩戴两端由动物头像构成的链子，以及款式简单的由金丝串成的彩色宝石项链。蛇的造型是手镯和戒指上最流行的设计元素，通常蛇的身体会环绕在手臂和手指周围【图16】。同时期的耳饰也有不少存世，用金银花丝装饰的圆盘和链子上悬挂一个或数个坠子是最常规的款式。在这类耳饰的坠子上还经常出现胜利女神（Victory）、爱神（Eros）、海妖、孔雀以及鸽子等形象。

公元前8世纪发源于意大利北部托斯卡纳地区（Tuscany）的伊特鲁里亚文明（Etruscan）在公元前700年—公元前500年达到了巅峰，他们创造了远古时期最为精细的珠宝首饰。伊特鲁里亚人以精湛绝伦的金珠工艺在黄金表面编制出细腻的纹理【图13】，使他们声名鹊起。早在乌尔王陵和埃及文明中就已经出现了金珠工艺，但伊特鲁里亚人将其精准和细腻提升到了新的高度，这些黄金珠粒的直径有时可以微小至0.14毫米（1/180英寸）。公元1世纪，罗马作家普林尼（Pliny）破解了制作黄金珠粒的部分秘密："将金粉（gold filings）和木炭粉的混合物加热至黄金熔点，金粉熔化凝聚成小珠粒"，但是如何将黄金珠粒在不被熔化和变形的情况下粘在黄金表面在当时仍不得而知。直到1930年，人们发现可以先用碳酸铜、水、鱼胶的混合物将珠粒固定，继而高温加热可以让铜与黄金熔合，并且几乎不留下焊接痕迹。这一技术让黄金珠粒如同金沙一般覆在首饰表面且能固定造型，工匠可根据需要用密密麻麻的珠粒排布成简单的几何图形或是繁复的图案。在运用金珠工艺的同时，伊特鲁里亚人也并用金银花丝工艺和錾花工艺使首饰作品达到更精美的修饰效果。

大型的扣针（fibulae）和扣钩、宽大的手镯、戒指、耳饰，都是伊特鲁里亚时期流行的珠宝。项链有两

11

来自北非的罗马时期晚期珠宝，是公元400年突尼斯的迦太基帝国（Carthage）显贵家族的收藏。项链和耳饰由抛光的蓝宝石、天然祖母绿原石和珍珠构成；缟玛瑙上浮雕着智慧女神密涅瓦（Minerva）；宝石上凹雕的是命运女神福尔图娜（Fortuna）和赫拉克勒斯。

12

镂雕刻和錾花的黄金手镯，来自罗马时期的英国。这些首饰是霍克森宝藏的一部分，公元5世纪被最早的主人尘封地下。其中最大的手镯佩戴于上臂。

13/14

金珠工艺和金银细丝装饰的伊特鲁里亚耳钉，来自公元前6世纪。图14展示了首饰实际大小，图13的细节放大图展现了细小的黄金珠粒。伊特鲁里亚人将金珠工艺改进至近乎完美的程度。

种，一种是由錾花工艺打造的黄金坠子组成的流苏项链，一种是镶嵌着片状红玉髓或玛瑙的项链。耳饰也有两种风格，一种正面是纹路华丽的圆盘或螺钉【图14】，背面有卡口（fitting）紧贴耳洞。另一种被称为鲍勒耳坠（Baule Earring），形似意大利的一种旅行箱。当时有种很有特点的吊坠，是个中空的圆苞（bulla），呈圆形凸透镜状，里面可以放置香料或小饰品（Charm）。这一款式广受推崇，罗马人在公元前3世纪击败了伊特鲁里亚人之后也沿用了这种吊坠。

　　尽管随后的罗马时期疆域极广，一度扩张到今天的北非、西班牙、法国等地区，但由于支出大量的战争军费，几个世纪以来罗马人的黄金资源不断被消耗，难以满足珠宝业的发展。直到罗马帝国时期（公元前27年），黄金才大量作为军略物资之外的目的进行使用。罗马珠宝也从一开始的继承希腊化时期的风格，很迅速地发展出自己独特的风格——简洁、重金镶嵌、凸显彩色宝石。

13 | 14

罗马的珠宝工匠一般采用纯度在18-24K之间的黄金制作珠宝，据说他们经常把经过提炼的官方金币作为首饰的原材料。除了继承前人的技艺外，罗马工匠还发展出了镂空工艺（pierced work，英文中通常也被称为"opus interrasile"）——在金属表面利用打孔和切割刻画出细腻的透雕（fretwork）纹路【图12、图30】。此外他们采用一种叫作乌银（niello）的黑色硫化合金，与黄金和白银一起打造首饰，这样可以在装饰颜色上形成强烈的对比。彩色珐琅工艺此时尚未普及，所以工匠们为了丰富作品的色彩，将彩色宝石抛磨成圆形镶嵌在首饰上【图11】。在宝石的选择上，石榴石及埃及新矿区出产的不透明祖母绿最为流行，后者常被保留下六棱柱的原石形态，简单打孔后用金丝串联。那时的项链在串联上每个珠子的尾端都有一小截金丝卷成小环，勾连着下一个珠子的金丝【图11】。此时西方的珠宝首饰上第一次出现了蓝宝石，研究者推测这些蓝宝石可能产自斯里兰卡，另一种现在流行的珍贵宝石也同期出现，少量的古代罗马戒指上出现了来自印度的未经打磨的钻石原石。宝石雕刻师们沿用了希腊化时期的技术与风格，制作出精美的凹雕和浮雕首饰。在项链和护身符上，琥珀（化石化的树脂）和煤玉（化石化的木材）也备受推崇。罗马时期的琥珀主要来自波罗的海（Baltic Sea）一带，煤玉则出产自英格兰北部（当时也在罗马帝国的版图内）。琥珀通常被打磨成珠子，而煤玉可以制作成更多样的形态，如订婚圆徽（medallion）——正面描绘着一对情侣，背面则刻画了他们紧握的双手。大部分的煤玉都在约克郡雕刻打磨，在此人们也发现了一处罗马时期的雕刻作坊。

公元79年，由于维苏威火山（Vesuvius）火山爆发，大量火山灰将庞贝古城瞬间掩埋，如时间停止般尘封万世，让当年罗马人的生活情景穿越时空展现在我们眼前，庞贝古城发掘的珠宝首饰为后人研究公元1世纪珠宝文化提供了大量资料。出土的首饰中发现了独特的宽大手镯【图15】：由两个黄金半球并排拼成的对称的双圆拱（double-dome）链结；双拱造型黄金耳饰，以及垂直悬挂在金丝上的圆簇型饰品（用珍珠或祖母绿小珠串成）。我们可以从罗

马-埃及木乃伊（Romano-Egyptian mummies）图像上观察到
公元1世纪—4世纪的罗马珠宝风格【图16】。最常出现的包括成对
的蛇形手镯、项链、戒指、双拱式或宝石镶嵌的耳饰，以及串有金
珠的"S"形金线构成的其他款式。根据罗马习俗，戒指被视为订
婚的信物，因此戒指的使用广为流行。当时戒指的款式很多，但基
本款仍是带有雕刻宝石或硬币的金指环。除此之外，罗马人开始将
彩色宝石镶嵌在整个戒圈上，同时也开发了一些非常规的戒指款
式，如可作为钥匙的细长戒面（bezel），以及可以同时戴在多个
手指上的并排多圈指环。

罗马时期金匠们开始形成行业协会，罗马（Rome）、亚历山
大港（Alexandria）、安提阿（Antioch）是主要的生产中心。当
时的行政官员因公外派各地，其家属一路随行甚至远赴边疆，这种
迁徙使得他们所携带的珠宝首饰在整个欧洲流转。近期在位于萨福
克（Sulffolk）的霍克森宝藏（Hoxne Hoard）中就发现了二十九
件高品质的黄金首饰，从中我们可以看出罗马时期英国富人们佩戴
的珠宝与罗马贵族中流行的珠宝风格十分相似。出土的手镯上用
錾花工艺和镂空工艺修饰，其中一只用拉丁文镌刻着"朱莉安娜夫
人，请开心的戴上吧。"另外还有项链、戒指，以及一件少见的体
链（body chain）。这种好似马具的长链名噪一时，罗马、埃及以及
后期的拜占庭帝国都有所见，一般呈对角排布，从肩膀斜挎到下腰
处，在胸部和背部的位置悬挂着小圆盘。当时人们用金丝编成穗带
（braided）后，卷成圈，最后将圈连环（loop in loop）缔结成长链。

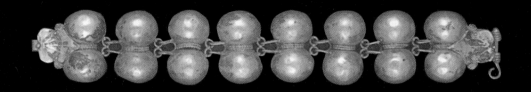

来自欧洲中部和西北部的首饰受地中海地区影响较少，有了自己独立的发展轨迹。保加利亚的瓦尔纳（Varna）墓葬中出土的黄金和铜质的陪葬装饰品，证明了简单的金工技艺在很早就已经出现。尽管我们没有大量发现这类古代文物，但是有理由相信在几个世纪的发展历程中，随着社会阶层差距的拉开，人们对于象征自身权利的饰物需求与日俱增，不断促进着新的工艺技术和自我装饰风格的发展。尽管各个地区的首饰发展出了各自不同的特色，但是首饰的基本款式从青铜时代（Bronze age）便开始慢慢出现。

爱尔兰地区的次生金矿资源丰富，因此青铜时代早期的金匠工艺就发展得相当蓬勃。当时制作的装饰品有两种：一种是缝在衣服上的黄金圆盘，中间带有十字架形的装饰；另一种是新月形的黄金项圈（neck-ring），又叫新月项圈（lunulae，新月的意思）【图17】，有两个略微扭曲的小浆搭在脖子后方。在爱尔兰发现了超过六十件的新月项圈，不止如此，在英格兰、法国也有出土。它们的表面刻有简单的几何图案，从中心向外散布，与当时陶罐等大口陶器上的图案类似。这些图案也偶尔会出现在煤玉制成的珠子上。

青铜时代中期，生活在欧洲中部（特别是德国和匈牙利地区）的人们将金丝或铜丝卷成螺旋状连接在一起，创造了一种独特的首饰图案和风格【图18】。人们使用更厚的金属依照同样的方式制造了大量的项圈和臂圈（arm-ring）。与此同时，爱尔兰、英国、法国则将金线扭成立体涡卷或螺旋状排布成十字形，佩戴在脖子上，或缠绕在手臂上。扣针开始逐渐替代由黄铜制成的衣夹（dress pin），作为最早最广泛使用的胸针（brooch）之一，它的主要功能仍然是安全别针（safety pin）。这一时期某些地区也有出产琥珀，另外西方世界开始掌握了玻璃珠子的制造工艺。

在青铜时代晚期的最后几个世纪，爱尔兰地区迎来一次文化复兴。当时人们的服饰上常带有圆锥状的纽扣、护喉（gorget）、外翻圆形领口（boss）的新月形罗纹领【图19】、金丝编成的类似发饰的双锥形装饰物。在莫霍恩宝藏（Great Clare Find，又叫Mooghaun Hoard）中发现了重达5千克的黄金，足

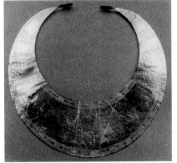

17 | 18 | 19

17

许多青铜时期的黄金珠宝
出土自爱尔兰；这件月形
项圈由凯瑞公司（Kerry
Co.）制造，这种带有几何
图案的薄金项圈是公元前
1800年—公元前1500年的
典型款式。

18

公元前1000年的青铜时
期晚期的装饰品，发现于
匈牙利，由涡漩状的黄金
组成。上方可能是一件胸
饰，中间是两件胸针，左
右两侧的是圈状吊坠。

19

公元前700年的格伦辛饰领
（Gleninsheen Gorget），是
青铜时期晚期爱尔兰珠宝
中最华丽的作品。整体由
新月形黄金薄片制成，两
端为圆形领口，装饰着同
心圆图案。

以说明当时黄金的流通十分普遍。

铁器时代（Iron Age）的欧洲主要被凯尔特人（Celts）统治，两处考古遗迹印证了凯尔特文明的存在，也展现了它们主要的装饰风格。在上奥地利州发现的哈尔斯塔特遗址是公元前6世纪—公元前5世纪的文明体现，装饰纹路简朴，以三角形、拱形和点状的图案为主。瑞士纳沙泰尔（Lake Neuchatel）湖畔上发现了拉坦诺（La Tene）文明，因受到在意大利北部活动的凯尔特人和希腊艺术的影响，这种造型变得更为复杂，且保留了公元前5世纪被罗马征服前的凯尔特风格【图20】，该风格以流动的曲线线条为主，部分图案源自棕榈叶和莲花花瓣，同时也有略带希腊感的波浪状卷须（wave tendril）连接弧形三角，或从中间发散形成三枝曲枝图案（triskele）。

胸针是最为普遍的凯尔特首饰，同时也作为服饰的搭扣。典型的胸针呈弧形或弓形，一根长针（spring）从一头贯穿整个胸针，另一端有一个固定钩（catch plate）微微内卷。大部分胸针材质为黄铜，周身带有铸造纹路。项圈和颈环（Torcs）也别具一

20

一张项圈或颈环的细节图，出土于瑞士埃斯特费尔德（Erstfeld）地区，来自拉塔坦文明早期（公元前400年）。黄金上铸造的精美装饰图案有大眼睛的动物头像和古典棕榈叶。

21

斯内蒂瑟姆颈环，由黄金、白银和紫铜的合金制成，来自公元前1世纪。直到罗马人占领英格兰之前，颈环在英格兰都很流行。根据罗马作家狄奥·卡西乌斯（Dio Cassius）记载，女王布迪卡（Boudicca）就曾佩戴颈环。

格，既有简单的铁片和铜环，也有带着铸造纹路的黄金纽带。根据古典时期作家的描述，这些项圈是凯尔特战斗服饰的重要组成部分，从出土的作品中可以发现，当时的女性同样佩戴项圈。这类首饰后来只在未被罗马征服的地区有所发现，到了公元前1世纪，它们大部分出自英格兰地区，最有名的发现地是东安格利亚（East Anglia）王国的几处宝藏。其中最大的一处来自诺福克地区的斯内蒂瑟姆（Snettisham），总共出土了一百八十件金银合金的颈环【图21】。

在领略过西方世界的几处重要考古遗址之后，我们不难发现几种重要的珠宝首饰加工工艺在人类社会早期就开始出现。随着人类贸易之路的不断延伸，不但多种多样的材质不断地在珠宝上得以应用，同时珠宝首饰的特定风格也渗透到偏远地区的文化里。珠宝首饰在欧洲社会中深深地扎根之后，继续繁衍进化，我们接下来要欣赏的拜占庭风格的珠宝就是在罗马风格的基础上发展而来。

CHAPTER 2

第二章

拜占庭帝国的辉煌
和早期欧洲

1 世纪—8 世纪

　　公元330年，罗马人在希腊城邦原址上兴建了君士坦丁堡（Constantinople），成立了东罗马帝国（Eastern Roman Empire）首都，后世学者将东罗马帝国称之为拜占庭帝国（Byzantine Empire）。拜占庭帝国经历了西罗马帝国权力的崩塌，经历了漫长中世纪（Middle Ages）的黑暗，直到1453年被奥斯曼土耳其帝国攻陷，并将它改名为今天大家熟知的伊斯坦布尔。拜占庭帝国的疆域辽阔，在6世纪时几乎环绕了整个地中海，并且延伸至埃及和小亚细亚地区（Asia Minor）。在帝国一千多年漫长的岁月中，首都君士坦丁堡一直是最主要的艺术和宗教中心。尽管拜占庭帝国在这段历史长河中也曾命途多舛，但我们从皇宫及教堂那金碧辉煌的装饰中，不难看出统治者们仍然奢华富足。1204年，君士坦丁堡被侵略者大肆洗劫，大量的金银财宝被掠夺一空。侵略者并不是与拜占庭帝国多年作战的阿拉伯人和土耳其人，而是前往圣地耶路撒冷（Holy Land）参加第四次十字军东征的基督教同盟们。他们把圣者遗物、教堂装饰以及琳琅满目的精致珠宝带回了西方，从而对中世纪西欧的艺术装饰产生了深远的影响。尽管在最后一个世纪中帝国的版图不断缩减，但13—14世纪早期的帝国仍然国力强盛、生活富足。现存的拜占庭时期作品虽然不多，但管中窥豹可见一斑，当时社会及皇室生活的华丽与奢靡足以体现。

　　拜占庭帝国境内的巴尔干半岛（Balkans）西部以及小亚细亚地区都是黄金的产矿区，因此珠宝首饰的原材料充足。不仅如此，君士坦丁堡正处于欧亚大陆的交界处，是当时东西方贸易之路上最为重要的交易枢纽。当时的商人将采购自印度、波斯及波斯湾的象牙、彩色宝石、珍珠囤积于此。拜占庭帝国的社会阶层等级森严，作为身份的象征，珠宝的佩戴和使用都有严格的规定，统治者甚至尝试制定特殊的禁令加以规范。当时男性和女性虽都有佩戴一枚金戒指的权利，但黄金和贵重宝石更广泛的使用仅限于宫廷和教廷。根据公元529年颁布的《查士丁尼法典》（Code of Justinian）记载，珍珠、祖母绿和蓝宝石应该被贮存以备皇室之需。政权在经济上的管控同样也推动了这些禁令的实施。黄金是帝国贸易的基础，并且为守卫边疆的军队提供军费。公元4世纪末期，君士坦丁堡内就已经开始在白银上标刻纯度印记（hallmark），但这一印记在珠宝首饰上并不常见。在首饰设计方面，拜占庭工匠们一方面继承了之前的古典风格，一方面借鉴了基督教元素［基督教在君士坦丁一世（Constantine I）时期成为国教］，同时也引用了来自亚洲比邻的东方元素。

　　尽管珠宝贸易遍布整个拜占庭帝国，但是最优秀的珠宝匠人还是主要集中在首都，他们制作的那些极具创意的出色作品，让君士坦丁堡的艺术发展迅速，很快超越了亚历山大港、安提阿等来自远古时代末期的艺术中心。珠宝行业仍受到严格的管制，《查士丁尼法典》规定贵重的原材料只能提供给御用珠宝坊，作坊中的珠宝匠人们将手艺代代相传，确保进献给皇帝、皇室以及宫廷的作品是最精益求精的。他们制作的首饰有时也会赐予本国的重要人物或是外国的统治者。珠宝首饰的另一大去处是军队，通常在战争获胜时作为军士犒赏来激发勇武、团结的军心。高等级官员也会因为卓越的功勋而被皇帝赏赐珠宝。11世纪，匈牙利国王获赠了两顶掐丝珐琅（cloisonné）皇冠，其中一顶成了圣斯蒂芬皇冠（St Stephen 's Crown）的基座，这顶皇冠直到1916年匈牙利国王登基大典仍在使用【图23】。正是因为珠宝首饰在拜占庭帝国时期社会和军事活动中的重要地位，使得来自皇室作坊的高品质珠宝在当时无处不在流通甚广，甚至远超帝国的疆域。

拉文纳市（Ravenna）圣维塔教堂（San Vitale）中的马赛克（Mosaic）装饰是6世纪拜占庭帝国华丽宫廷风格的代表体现【图22】。公元540年，查士丁尼一世（Justinian I）打败了东哥特人，占据了这座意大利北部城市，雄心勃勃地计划着一统分裂的东西罗马帝国。为了庆祝这一成就，查士丁尼一世命令工匠们用大小一致的马赛克在教堂墙壁上拼出自己和皇后西奥多拉的肖像。查士丁尼一世和皇后头戴精致的皇冠，身佩大胸针、长耳饰、成串的珍珠和贵重宝石（特别是蓝宝石和祖母绿），他们的随从们也身穿华服。整幅画面展现了拜占庭君主至高无上的权威。

拜占庭早期的装饰技术主要继承自罗马时期，珠宝匠们将重复的图案借助模具通过冲压工艺（Emboss）使柔软的黄金薄片批量成型，或是通过錾花工艺（chasing）手工敲击出个性化更强的图纹。不管是冲压还是錾花工艺都是用轻微的压力使金属表面变形形成特定的纹路，而与此不同的是雕刻——利用尖锐的工具将金属剔除挖空，以呈现更锋利的细节。人们往往在雕刻表面使用乌银，以突出雕刻纹理。此外细腻的錾花和凿刻（chisel）打造的几何镂空（openwork）饰物在拜占庭早期仍十分流行【图27】【图29】【图30】。这种工艺应用范围很广，常用于打造吊坠的圆形或六边形边框，中间镶嵌单枚或多枚硬币。罗马人对彩色宝石的钟爱也传承到了拜占庭帝国，成为拜占庭首饰的一大特色。贵重宝石首先被抛磨成光滑的不规则珠子，然后打孔用金丝固定

拉文纳圣维塔教堂中用马赛克制成的西奥多拉皇后肖像画，展现了公元540年左右拜占庭宫廷珠宝的瑰丽。当时珍珠、祖母绿和蓝宝石都仅限皇室使用，在她的冠冕、项圈、项链和耳饰上大量出现。

成串，珍珠也用同样的方法制成珠串。这是一种非常牢固的固定方式，比矩形筒镶（Sraight-sided collet）更为耐久。同样在东罗马帝国被保留下来的还有雕刻艺术，整个拜占庭时期大量凹雕和浮雕的宝石被镶嵌在戒指和吊坠上。

珐琅也是一种让珠宝增加色彩的办法。掐丝珐琅是公元9—13世纪的拜占庭珠宝作品中最精致也最与众不同的代表【图23】【图24】。它通常用于绘制精细而明亮的画像，题材往往是先知或圣人的肖像，呈现的效果就好似在金色画笔勾勒的细腻线条中填充了各种不透明的颜色。制作线条首先需要"掐丝"（cloison），即工匠们将黄金细丝弯折成图案的轮廓，然后将金丝线条焊接在黄金底板上。所填充的珐琅是一种加了不同金属氧化物的混合玻璃粉末，高温烧制时粉末熔化会呈现各种颜色。因为不同元素混合物的熔点不同，所以不可同时烧制，需要根据熔点高低由高至低逐次加热。所以珐琅上每种颜色的添加都需要经过多次烧制，又考虑到金属氧化物在加热过程中会与原有的珐琅熔合，导致体积轻微收缩，故还需要填入新的金属氧化物再次加热。最后当熔化的珐琅液体将掐丝围成的空心区块彻底填满成型后，还需要进行抛光，使成品表面光滑平整色彩明丽。不过尽管珐琅颜色丰富多彩，由于在每个掐丝区块中只能出现一种颜色，所以最终的作品只能有平面化的表现无法呈现色彩的立体感。最初的珐琅作品中珐琅会浮在金属表面，略高于底板，很快就被工匠们改良，通过凿刻金属表面，形成下凹的图案，让最终的珐琅与金属表层平整光滑浑然一体。这一改进让珐琅珠宝上的图案更加鲜活，因此在皇冠、手镯、耳饰、勋章以及戒臂等首饰上广泛应用【图23】。工匠们用掐丝珐琅技术制作了大量带有宗教色彩的黄金珐琅画，用于装饰容器、拼成书皮，甚至出现在教堂的祭坛上，例如威尼斯圣马可大教堂（Basilica of St Mark）的黄金祭坛（Pala d'Oro Altar）。此外君士坦丁七世（Constantine Ⅶ, Porphyrogenitos，外号"生于紫室者"）在他的《典仪论》中还描述过珐琅装饰的皇室马镫（trapping）。

在拜占庭珠宝上出现最多的是基督教的符号元素，比如早期最普遍的十字架吊坠（有部分可以作为保存圣人遗物的圣髑盒）【图24】。许多珠宝的款式与罗马时期大体相同，只是单纯地增添了基督教色彩的图案。例如在结婚用的戒指和腰带上描绘了一男一女相互对视，中间有一圣人正在为两人的结合祈祷【图25】。从公元5世纪开始，罗马神话中和平女神康卡迪亚（Concordia）的形象逐渐被十字架和基督（Christ）所取代。

拜占庭早期，简单款式的宝石项链大都是把名贵宝石或珍珠穿孔，然后插入一段金丝，把金丝两头比珠孔长出来的两头绕成小环状，每段金丝环环相扣即可连接相邻的宝石组成珠链。不同颜色的宝石相互交替排列，高品质项链上往往包含源自公元5—7世纪的名贵祖母绿、蓝宝石、珍珠等。当时的贵族女性由于受到禁令对宝石使用的限制，所以尝试佩戴紫水晶和绿色玻璃制成的同款项链，达到相似的颜色搭配。这些项链的末端搭扣通常由一对镂空的黄金圆盘组成，一只圆盘连着钩子，另一只连着小圈。更复杂的项链则由连环长链和花丝修饰的黄金珠子组成，还有贵重宝石通过金丝缠绕或是高筒镶嵌固定在黄金珠子上【图30】。

当时男性和女性都会佩戴胸饰，常规的款式为一个硬金环挂着巨大的吊坠。胸饰吊坠由金币、圆盘组合镶嵌在一起，轮廓用金属包边【图26】。一般男性胸饰的圆盘上绘制有军事相关的场景，而女性胸饰上出现的则是"天使报喜"或"迦拿的婚礼"。另一个项链的变种

23

一顶拜占庭皇冠，由装饰着掐丝珐琅的金板制成，是11世纪君士坦丁九世（Constantine IX）送给匈牙利国王安德鲁一世（Andrew I）的礼物。皇冠上刻有皇帝（右边）与西奥多拉皇后（左边）的肖像。

24

达格玛十字架（公元1000年），是一种拜占庭圣髑盒吊坠，黄金上带有掐丝珐琅的装饰，出土于丹麦女王达格玛的墓葬（Dagmar）。图片展示的这一面总共有五个圆徽，基督位于正中，左边是圣母玛利亚，右边是施洗者圣约翰，上方是圣瓦西里（St Basil），下方是金口圣若望（St John Chrysostom）。另一面用珐琅绘制了耶稣受难的场景。

25

拜占庭时期婚嫁腰带（公元600年）的细节图，婚嫁腰带由一个个大小不一的黄金圆盘组成，表面带有多样的冲压图案。最中间两个大圆盘上刻画着耶稣祝福新人的场景，并带有"和谐、慈悲、健康均来自上帝"的刻字。旁边小圆盘上描绘着希腊神话中的酒神迪厄尼索斯的肖像。

26

黄金胸饰，镶嵌了银币和肖像圆徽，可能是6世纪中期拜占庭军事领袖的饰品。最早还有一枚罗马皇帝迪奥多西一世（Theodosius I）的硕大圆徽挂在下沿的钩环上。

27

体链在拜占庭时期仍然存在。这条体链由
镂空的黄金圆盘组成，来自埃及（公元
600年）。它佩戴之后好似马具，两条交
叉的长链X形斜向贯串身体，两个较大的
圆盘分别落于前胸和后背。

则是体链，通常由两条交叉的长链X形斜向贯串前胸后背【图27】。这一款式也继承于罗马时期，只是用连接在一起的镂空金盘代替了当时的圈状连环。

这时期的手镯通常成对佩戴，并且款式繁多。出土自叙利亚（Syria）公元4世纪的镯子由镂空的金板组成，并且铭刻着情话诗词，这一类型的手镯流行了数个世纪。罗马时期延续下来的蛇形手镯仍然是时髦的款式。有一类手镯周边是厚重的金圈，中间有一小圆盘，圆盘一端与铰链相连，另一端与搭扣相连，是最典型的拜占庭风格手镯【图28】。这类手镯的金圈和小金盘有些装饰简单，仅在黄金表面使用了錾花或镂空工艺。还有些镶嵌着宝石，环绕着珍珠，十分奢华。我们在来自9世纪的大型袖口状（cuff-shaped）手镯上还发现了掐丝珐琅的使用，这让整个手镯颜色华丽、纹理繁复。

戒指在拜占庭时期十分普及，在拜占庭帝国各个城市都有制造，其原材料主要有黄金、白银、赤铜（Copper）和青铜（Bronze）。镶有刻面宝石和雕刻文字的戒指最为常见。当时戒指上最典型的装饰就是宗教性的铭文数字。佩戴者们期待这样的铭文能够带来神的庇护，让自己身体健康、事业顺利。这铭文内容源自宗教典籍，例如一句简单的祷告词。祷告词的字母在戒面（bezel of ring）或戒肩（shoulder of ring）上呈十字形排布。有时在戒指上也会雕有佩戴者的名字。

人们对大型耳饰的热爱从罗马时期一直延续到了拜占庭时期。最典型同时也是最为经久不衰的款式是长坠形和扁平的新月形。两者都通过一根弧形金丝连这件装饰着珍珠、蓝宝石、绿玉髓的黄金手镯，尽管在上埃及地区（Upper Egypt）发现，但很可能是在6世纪晚期在君士坦丁堡制作的。宽大的圆环背后由铰链扣固定，正面开口处通过圆盘一侧的短针固定（an opening fixed），是典型的拜占庭风格。

29

一对新月形耳饰，黄金表面通过镂刻和镂空工艺修饰，来自公元6世纪。正面有当时流行的拜占庭符号——孔雀开屏。

接，悬挂在耳洞上。长坠形耳饰【图22】常有一块双拱廊状饰片，下方悬垂着彩色宝石和珍珠搭配的彩色流苏，很多长坠形耳饰的尺寸可以达到12厘米（43/4英寸）。新月形耳饰【图29】的制作只用黄金，相对来说没有那么繁复。工匠们在金属薄片上通过雕刻和捶打（punch），制作出纹理细腻的镂空（stylized）树叶、十字架或孔雀等图案，再将中空的金球或是小金珠装饰在新月形轮廓的外边缘。在拜占庭帝国贵族圈层中最受欢迎的耳饰风格与中世纪欧洲流行的耳饰截然不同，这也导致1432年来自勃艮第（Burgundy）的旅行者贝特朗东·德·拉布鲁克（Bertrandon de la Broquiére）第一次造访拜占庭皇后玛丽亚·科梅娜（Maria Comnena）时，见到她佩戴的耳饰大为震惊。

尽管大部分罗马时期的秩序和古典时期的传统都在欧洲东部得以延续，但是欧洲其他地区的历史进程却并不像在东罗马帝国那般平稳。随着公元4—5世纪西罗马帝国的陷落，日耳曼部落开始横扫西欧。东哥特人占

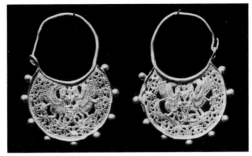

30

一条华丽的项链，发现自上埃及地区的考古遗迹，可能于公元7世纪早期在君士坦丁堡制作。项链由镂空的金块通过铰链扣一段段拼成，另有祖母绿、海蓝宝、珍珠等宝石装饰（大部分内嵌的宝石已经遗失）。

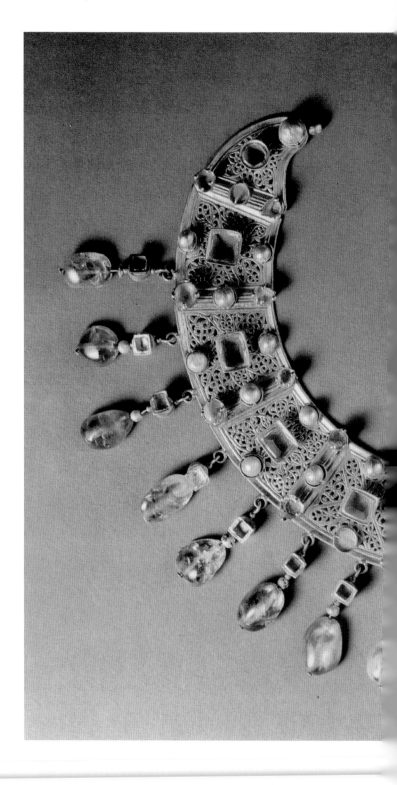

领了多瑙河周围的领土和意大利中部地区；法兰克人将德国西部、低地国家和意大利北部的伦巴第地区收入囊中；西哥特人占据了西班牙；盎格鲁-撒克逊人则在英格兰扎根落户。尽管对希腊人和罗马人来说，这些半游牧的日耳曼部落都被称为"蛮族"，但正是这些蛮族使罗马时期以前的地区性工艺习俗焕发新生，达到了很高的艺术成就。这些蛮族从人种上属于不同部落，但相互之间的联系十分紧密，因此我们在局部变化很小的广阔领域中发现了相同的珠宝和装饰风格。这一地区的工匠们对于罗马时期晚期珠宝作坊中的工艺十分熟稔，他们使用的珠宝材质精良、设计大胆，展现了极高的美感与技术造诣。直到基督教逐渐取代异教之后，人们才开始习惯将贵重物品作为陪葬品埋藏，这一习俗让我们有幸目睹当时上至国王下至农夫的社会各阶层所拥有的珠宝。

日耳曼珠宝的一大特色是用贵重宝石和彩色玻璃镶嵌而成的五彩拼图。这些拼图通常由一块块几何形的彩色斑块组成，看着十分抽象。不少拼图作品整体都被这种金丝围绕的几何图案所覆盖，远远望去如同一块色彩斑斓的玻璃窗【图33】【图35】。产自印度的石榴石是这类首饰上最受欢迎的宝石。因为石榴石的质地能够让宝石匠将它横切为光滑的两片，当然还需要经验丰富的工匠进一步打磨之后才能将石榴石变成设计上需要的复杂形状。从拜占庭帝国进口的黄金是蛮族的最爱，但是从8世纪开始进口量就不断减少。因此当时所有比戒指大的珠宝都用阿拉伯帝国进口的白银打造。这一时期人们也用青铜制作价格更为便宜的珠宝，并且对青铜进行镀金、镀银、镀锡等表面处理。交叠的兽形图纹是当时影响最深最广的表面纹路【图35】【图36】【图38】。这些纹路的制作主要有两种方式，一种通过带有花纹的模具在铸模时一次完成，另一种在铸模完成后再通过錾花、花丝、金珠工艺等形成各种纹理。

其实珠宝在作为装饰品的同时，往往还具备一些实用性。比如当时最常见的胸针、扣钩、扣环（buckle）等，在纽扣出现之前，都兼具了将衣服系紧的功能。胸针的款式繁多，其中以简单的圆盘状胸针和长条状胸针（也叫弓状胸针）最为典型【图31】【图32】。后者的形状从青铜时期出现的扣针或是安全别针（Safety Pin）演化而来，但是体积更大，表面装饰更为繁复。这类胸针通常带有一个半圆形的顶部和扁平的底部，上下通过廊桥似的弧形或弓形中段连接，整体呈十字形排布。另一种极具特色的胸针是鸟形扣针【图33】，它们的尺寸大得惊人，罗马尼亚的彼德罗萨宝藏（Petrossa Treasure）中发现的鸟形扣针长度竟超过了33厘米（13英寸）。女性会在双肩处佩戴成对的胸针用来扣紧她们简朴平整的衣服，有时还会将一串珠串悬挂在两个胸针间作为装饰。人们同时也在腰带上发现了尺寸较大的扣环，在袜带和鞋子上发现了尺寸较小的扣环【图36】。

关于日耳曼珠宝的最早记载，来自1653年发现的希尔德里克一世（Childeric I）的墓葬。他是一个法兰克人，也是墨洛温王朝的奠基者，于公元481年去世，葬于图尔奈（位于今天的比利时境内）。希尔德里克一世下葬时身着一件镶有金箔和石榴石的盛装礼服，衣服上还有300多只蜜蜂装饰图案。除此之外该墓葬还有手镯、扣环和一柄宝剑。这些珠

31

一枚日耳曼式圆盘状胸针，来自公元7世纪中期，于巴伐利亚的维蒂斯林森（Wittislingen）发现。黄金圆盘表面装饰着点状黄金细线，并且镶嵌着可能从印度进口的石榴石。石榴石排布成交叠的两条双头蛇的图案。

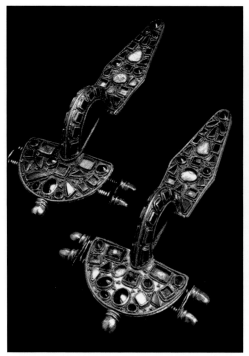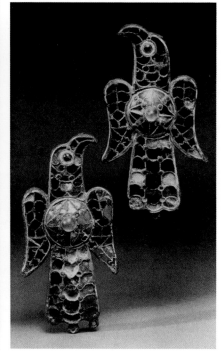

宝首饰彰显着古代法国的荣光。

　　无独有偶，拿破仑（Napoleon）也选择蜜蜂作为自己的象征，他的登基长袍上也布满了刺绣精美的蜜蜂。后来，在托莱多（Toledo）附近发现的瓜拉扎尔宝藏（Guarrazar Treasure）则是西哥特人留给我们的重要宝库。其中发掘的11顶黄金皇冠，据推测属于公元7世纪的两位国王，斯温蒂拉（Swinthila）和雷切斯温特（Recceswinth）【图34】。这些皇冠都由重金制成，在环带处有镂空的花纹，皇冠下沿还垂吊着精巧的小吊坠。其中有一顶皇冠最为华丽，属于雷切斯温特国王。这顶皇冠上排布着筒镶的大颗粒蓝宝石、祖母绿和珍珠，下沿的小吊坠呈流苏状环绕皇冠。每个小吊坠都带有一个黄金字母和一颗水滴形宝石（蓝宝石、祖母绿、珍珠），这些黄金字母正好组成了雷切斯温特国王的名字"RECCESWINTH"【图34】。这些皇冠上方还连接着

一对日耳曼式长条状胸针，来自
公元5世纪早期，于奥地利下西本
布伦地区（Untersiebenbrunn）
发现，由银镀金制成，镶嵌了多
种贵重宝石。

33

一对西哥特式鹰形扣针，来自公
元6世纪的西班牙，由铜鎏金制
成，镶嵌了白水晶和彩色宝石。
遗失宝石的部分正好展示了掐丝
的围成的边框。

黄金链条，说明当时这些皇冠可能只在特殊的典礼上使
用，又或是曾被挂在宗教的神龛或圣地中被朝圣者供
奉。这些巧夺天工的珠宝不但体现了西哥特富足的宫廷
生活，残留着拜占庭风格的痕迹，同时也是来自地中海
东部地区繁茂的商业网络的最佳证明。

　　1939年人们在英国萨福克郡的萨顿胡（Sutton
Hoo）船棺葬中发现了璀璨无比的盎格鲁-撒克逊珠
宝，可能也是公元7世纪早期来自欧洲西部的最精细的
日耳曼珠宝。据考证，墓的主人是大约在公元624/625
年去世的东安格里亚国王雷德沃尔德（Raedwald）。

依据当时的习俗，人们将他葬在一艘船上，并放入了大量奢侈的陪葬品供他
在来世享用。他的陪葬珠宝主要由黄金和石榴石制成，包括一对铰链式肩扣
（shoulder clasp）、一个大型黄金带扣（belt buckle）、一个钱包，除此之外
还有一柄剑，剑身和配套的剑带（sword belt）上都带有华丽的装饰。不论是
独树一帜的图形设计还是精准流畅的金属工艺，无一不证明了当时金匠的精湛
技艺。

在著名的萨顿胡肩扣上，我们可以看到几何图形与兽形纹路的完美搭配
【图35】。窗格状的几何图形与当时手稿上绘制的挂毯图案类似，主要集中在
肩扣中间的长方形金板上，兽形纹路围绕着几何图形分布在长方形金板的四
周。在肩扣两端的弧形区域还有交织在一起的线条描绘出的野猪形状。技艺超
凡的工匠们将石榴石和千花玻璃（millefiore在带有条纹的玻璃杆上切片形成
颜色各异的玻璃薄片）打磨成特定形状的薄片，拼接出直线和弧形的图案。他
们也会在透明的石榴石背面贴上彩色的衬底（foil）进一步提升图案的颜色。
肩扣两瓣通过铰链连接，中间还有一根装饰着兽头的金针，用来锁紧铰链。另
一只大型扣环的装饰也十分复杂，抽象的兽形和鸟形图案交叠在一起，布满整
件作品的表面【图36】。这些图案一部分是通过铸模形成的细腻花纹，一部分

34

一顶来自瓜拉扎尔宝藏中的皇冠，发现于西班牙托莱多地区附近。下方悬垂的字母吊坠拼有"RECCESWINTH REX OFFERET"的字样，是7世纪西哥特统治者雷切斯温特国王的礼物。对照【图30】可以发现，蓝宝石、祖母绿、珍珠在镂空黄金上的装饰风格受到了拜占庭珠宝的极大影响。

35

一对黄金肩夹，来自公元7世纪早期，出土于英格兰的萨顿胡船棺葬。红色石榴石被艰苦地切割成特殊的形状镶嵌在首饰上，排布成精美的几何和兽形花纹。

36

一个黄金扣环，来自公元7世纪早期，出土于英格兰的萨顿胡船棺葬。表面复杂的纹理包含有鸟兽头部的图案，与手稿上描绘的设计类似。

则是工匠后期手工修饰的纹理。远远望去那些鸟兽杂乱无章地纠缠排布在一起，但凑近细看却发现它们首尾相接错落有序，充分展现了设计者惊人的控制力。

我们可以从考古遗迹，特别是墓葬中感受到盎格鲁-撒克逊（Anglo-Saxon）部落的财富以及他们与西欧其他地区的贸易往来。在盎格鲁-撒克逊社会中，不仅仅是贵族才能佩戴珠宝，富足的农夫也有同样的权力。男性通常拥有带黄金装饰的配件、系披风的胸针以及大型的黄金臂环。在公元8世纪创造的《贝奥武夫》（Beowulf）的传奇故事中就提到了扭曲的精致臂环。而马尔登战役（battle of Maldon）记载了胜利的维京人向失败方索取臂环作为战利品的事迹，证明了直到公元10世纪佩戴臂环的习俗仍然存在。根据圣奥尔德赫姆（St Aldhelm）的记载，7世纪的女性佩戴戒指、手镯和月亮形的项链。古代文物证明，当时的项链主要由长条的玻璃珠串或是琥珀珠串构成，并不挂在脖子上，而是系在衣服上，从双肩垂坠至胸前。耳饰在这期间似乎并不常见。基督教的传播似乎对盎格鲁-撒克逊的珠宝风格影响甚微，只有十字架成了新设计的重要灵感来源。圣卡斯伯特十字架（St Cuthbert Cross）由黄金制成，上面镶嵌着石榴石，据说是圣卡斯伯特公元687年去世时的随葬品。从这件作品上，我们不难发现尽管出现了新的图案，但是制造工艺基本保持不变。

8世纪早期，欧洲大部分地区都摒弃了将珠宝作为随葬品的异教徒习俗，导致盎格鲁-撒克逊晚期的珠宝首饰很少得以幸存。但是我们可以通过遗嘱等文献资料大致了解当时珠宝首饰的情况，在修道院的记录中就包含大量虔诚信徒进贡的胸针、手镯、戒指、冠冕、项链等礼品的清单。9世纪的阿尔弗雷德首饰（并不是一种用于佩戴的珠宝，而是套在贵重的权杖或指挥棒上的握把）也证明了当时已经出现了高水平的金工技艺，甚至掐丝珐琅这种繁复的工艺也已经是西欧世界中耳熟能详的技法。来自9世纪的两枚金戒指上内嵌乌银，同时刻着国王和王后的名字（韦塞克斯国王埃塞尔沃夫Æthelwulf of Wessex，麦西亚王后埃塞尔斯威斯Æthelswith of Mercia，他们分别是阿尔弗雷德大帝（Alfred the Great）的父亲与姐姐）。在诺森布里亚地区（Northumbria）和康沃尔地区（Cornwell）发现的圆盘形胸针用白银打造，上面的兽形交织图案则用乌银勾勒。这种来自公元9—10世纪初期的装饰物，最早发现于康沃尔郡特兰希德（Trewhiddle）地区的一处宝藏，据推测是为了躲避维京人的侵略，因此被称为"特兰希德"风格。

维京人从不受制于古罗马的规制，因此他们珠宝的形制上主要以兽形装饰为主，与那些"蛮族"更为相似，工艺上则是在简单铸模成型后，在利用錾花和黄金花丝等工艺修饰。他们也发展出了不寻常的加工技巧——"切凿工艺"（chip-cutting），用凿子在金属表面凿出一个个璀璨的光滑刻面。由于维京社会几乎没有贵重宝石，反光的金属刻面成了他们珠宝首饰上的重要装饰元素。公元6世纪最精美的两件维京首饰是两件层叠的黄金项圈，分别来自瑞典费耶斯塔登（Farjestaden）和阿莱伯格（Alleberg）地区。它们由数根同心的圆形金管呈阶梯状排列，形成一整个宽大项圈，黄金花丝制成的人像和蹲伏的动物点缀在金管与金管连接的缝隙处【图37】。从公元8世纪开始，随着拜占庭的黄金供应量不断减少，白银编制成的颈环和手镯成为维京首饰的主流。作为当时重要的贸易中心，波罗的海上的哥特兰岛（Gotland）出产了与斯堪的纳维亚主岛不同的造型独特的珠宝首饰。其中最为著名的是上半部为方形的长条状胸针，以及被称为"哥特兰苞叶"（Gotland bracteates）的吊坠。这类吊坠通常在圆形的黄金薄片上印出花纹，再用花丝勾勒细节。早年的花纹更多参考罗马晚期硬币和勋章上的图案，经过几个世纪的演变，这些花纹逐渐从古典头像转变成了抽象的纹理。

凯尔特人占据的苏格兰和爱尔兰地区与斯堪的纳维亚半岛的情况相似。他们从未被罗马人统治，因此他们与同时代生活在欧洲大陆的蛮族同伴不同，发展出了一种属于自己的珠宝风格。日耳曼珠宝中常见的圆盘式吊坠、长条式吊坠以及装饰性扣环在凯尔特人的领地上都没有被发现。6—7世纪凯尔特珠宝最典型的款式是环形胸针、领针（Pin）和服饰扣（latchet dress fastener）。这些珠宝的佩戴不分性别，男女都需要它们重要的实际功效——系紧衣物。环形胸针的圆环并不闭合，固定针从圆环开口处贯穿而出。另外整个圆环略略向外凸起，可以有效地防止胸针脱落，致使衣物松开。领针的款式相对简单地多，通常只是在上端带有一个圆形头像作为修饰。另一种领针被昵称为"手针"（Handpin），它的上端有一只抽象的手或五指张开或握紧成拳。还有一种服饰扣几乎只在爱尔兰地区发现，它们整体是个扁平的圆盘，通过背后S形的挂钩固定在衣服上。

直到公元7世纪中叶，凯尔特珠宝上的花纹并不多，仅在胸针的圆环部分、领针的上端，以及服饰扣的圆盘上出现。工匠通常利用黏土模具，将白银和铜合金铸造成上述珠宝。有时铜质珠宝表面会进一步镀锡，以获得白银的观感。装饰纹路与铁器时代的凯尔特金属制品类似，仍以简单的兽形纹路和抽象的弧形图案为主。简

37

瑞典阿莱伯格出土的黄金项圈的细节图。来自公元6世纪。同心环状的金管上装饰着点状的细线。两个金管的缝隙中点缀着人脸和蹲伏的动物。

38

塔拉胸针，是公元700年出产的最华丽的爱尔兰圆形胸针。它由银铸模而成，表面精美的兽形纹理利用镀金和金银花丝进一步提亮，并且镶嵌着琥珀和彩色玻璃。这枚胸针的背面也布满装饰图案，只有固定针相对朴素（长度为图片展示长度的两倍）。这件复刻品的尺寸与实物大小一致。

单的红色和黄色珐琅的应用已经变得相当普及，首饰上偶尔也会镶嵌干花玻璃。7世纪晚期，受到日耳曼珠宝风格的影响，特别是来自附近盎格鲁-撒克逊风格的强烈冲击，凯尔特工匠们开始将复杂交错的图案作为珠宝上的主要装饰。那些交叠在一起的弧线通常以抽象的兽首和兽爪终结，展现了极高的工艺水平。工匠需借助线格和圆规来完成这些复杂图形的设计。我们可以在动物骨骼和岩石上看到工匠们刻画的设计草图。

公元8世纪，爱尔兰环形胸针的形状从断开的圆环变成了连着固定针的完整圆环，只有苏格兰北部的皮克特部落（Pict）仍坚持使用原先的款式。这一变化并没有造成胸针外观上的巨大改变，圆环上宽阔的部分与原来一样布满装饰图案。但是在胸针的功能上则发生了一点转变，胸针的圆环部分完全成了装饰品，系紧衣物的实用功能仅靠固定针来达成。这类大型的圆环胸针又继续流行了两百多年，被男性佩戴在肩膀，而女性则置于胸前。它们通常由简单的铜合金铸造，表面镀银，并用黄金花丝、珐琅、玻璃和琥珀点缀。最著名的一件存世作品是来自米斯郡（Co.Meath）的塔拉胸针（Tara Brooch）【图38】。19世纪凯尔特风格复兴时期，都柏林的珠宝商沃特豪斯有限公司（Waterhouse & Co）以塔拉胸针为模型制作了大量的复刻品，使之声名远扬。

CHAPTER 3

第三章

中世纪

8 世纪—15 世纪

　　中世纪（Middle Ages）欧洲的珠宝除了能被男性和女性佩戴之外，还出现了小号的同款珠宝。这种小版珠宝往往用彩色玻璃取代彩色宝石，专门为儿童制作。尽管有些珠宝纯粹为了装饰目的而存在，但是还有许多首饰仍具备明确的使用功能，比如披风系扣、腰带等，另外还有一大部分珠宝蕴含了宗教和纹章学（heraldic）的含义。中世纪珠宝的风格可以被分成三个阶段。第一阶段是中世纪早期，从公元800年到13世纪。这一时期的珠宝风格仍受到拜占庭宫廷珠宝的极大影响，以雍容华贵为主。不过较为可惜的是，与中世纪晚期相比，这一时期保留下来的珠宝作品数量相对较少。第二阶段的主要风格是13世纪晚期开始流行的哥特式珠宝（Gothic Style）。当时欧洲建筑上占统治地位的哥特风开始进入珠宝首饰领域，在中世纪接下来的一段时间，哥特风格都是珠宝上重要的设计元素。第三阶段的特点是从1375年左右开始出现的优雅柔美的珠宝风格。当时人们开始关注自然，将很多自然主义元素应用在装饰上。这一阶段一直持续到15世纪下半叶。此时意大利兴起的文艺复兴（Renaissance）波及了欧洲其他地区，也为珠宝首饰带来了新的风格。

自公元476年西罗马帝国陷落后，欧洲大陆被各个日耳曼部落占据。经过多年征战，法兰克国王查理曼大帝（Charlemagne）终于一统欧洲，成为西方世界的统治者，并于公元800年被教皇加冕为神圣罗马帝国（Holy Roman Empire）的皇帝。查理曼大帝和他的继任者们所制定的宫廷典礼和仪仗带有浓郁的拜占庭风格。毕竟拜占庭人认为他们才是古罗马帝国名正言顺的继承者。当时东西方两个帝国的数次皇室联姻，如公元972年神圣罗马帝国的皇帝奥托二世（Otto II）迎娶拜占庭公主狄奥法诺（Theophano），进一步加强了拜占庭风格的影响力。拜占庭风格珠宝不再是皇室典礼的专宠，而变为一种更广泛的流行。尽管只有少量加洛林王朝（Carolingian）和奥托王朝（Ottonian）的珠宝得以存世，但是遗留的各种手稿文献仍让我们可以一掠当时珠宝的风采。根据9世纪法典和遗嘱的记载，贵族佩戴的首饰主要由黄金和贵重宝石制成。根据遗嘱女性将继承长链、胸针、项链、耳饰和手镯，而男性则被遗赠珠宝剑套、马刺、腰带和胸针。中世纪早期还出现了与宗教相关的祈祷珠宝（Devotional Jewelry）。9世纪知名的查理曼护身符（Talisman of Charlemagne）就是一种圣髑盒吊坠【图39】，也是加洛林王朝留存下来的最精致的金工制品之一。它整体由黄金打造，多种贵重宝石和珍珠被深深地筒镶在黄金框架上。其中最大的几只查理曼护身符表面还通过镂刻点缀着形似棕榈叶的花纹。

我们对于10世纪晚期和11世纪早期珠宝的了解主要归功于德国美因茨（Mainz）发现的一处惊人的珠宝宝藏。据考证此处宝藏的主人是神圣罗马帝国皇帝康拉德二世（Cornad II）的皇后吉塞拉（Gisela）。她生活在拜占庭帝国时期，于1043年去世。这批被发掘的珠宝证明了当时珠宝工艺和款式都继续受到拜占庭风格的影响。首饰的颜色通过彩色宝石雕件和掐丝珐琅展现。学者普遍认为掐丝珐琅工艺从9世纪晚期流传至西方。金银花丝和细小的金粒仍是工匠在首饰表面修饰丰富纹理的常见方式。出土的两件胸针中间部分都有雄鹰造型，掐丝珐琅制成的彩色羽毛栩栩如生，而鹰同时也是皇室阶层的象征。其他首饰上镶嵌着琳琅满目的贵重宝石和珍珠，宝石周围装点着金银花丝和粒粒分明的小金珠，更显精美华贵。还有两条精致的项链，配搭着凹雕和浮雕的宝石吊坠。比项链更大件的是一种特殊的身体装饰（Body Ornament）【图40】。这种饰品能覆盖整个胸部，由黄金细链交织成网格状，在链间的交叉处镶嵌着刻面切工的彩色宝石。11世纪早期，奥托王朝皇帝亨利二世（Henry II）的皇后昆贡德（Kunigunde）所佩戴的皇冠从风格上也承袭了以上珠宝风格和特点，由多块包嵌着宝石的黄金饰板拼接而成，展现了精湛的金工和浓郁的色彩【图41】。

39

查理曼护身符，一种9世纪圣髑盒吊坠，中间镶嵌一块大蓝宝石，周边镶嵌祖母绿、石榴石、紫水晶和珍珠。这枚吊坠于12世纪在德国亚琛（Aachen）查理曼大帝的陵墓中发现，据说被佩戴在皇帝的脖子上。

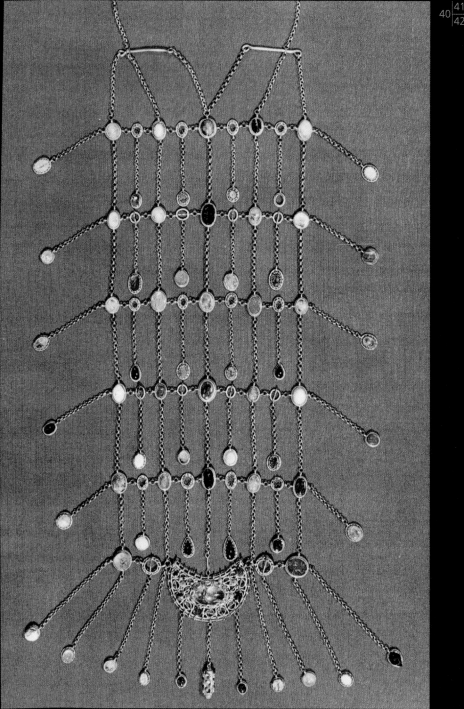

40

公元10世纪晚期奥托王朝时期的一件紧身胸衣饰品来自德国美因茨，由黄金长链组成网格，下方有一新月形金银花丝吊坠和几条流苏，镶嵌的宝石包括古罗马时期的凹雕作品、珍珠和贵重宝石。

41

一顶奥托王朝昆贡德皇后的冠冕，来自德国，约为公元1010—1020年，由几块珠宝装饰的金板组成。皇冠拱形的金板表面装点着金银细丝和宝石，这一时期的宝石大多采用不规则的弧面形切工，而不是刻面切工。

42

一件黄金胸饰，12世纪晚期—13世纪早期，装饰着狮子、一条狗、一条蜥蜴和两只狮鹫，周边的基座上最早还镶嵌着宝石。这些醒目的狮子造型表明这件作品的主人应该是一位男性。

中世纪早期的罗马式（Romanesque）珠宝极少能够留存至今。但是从棺椁上的雕像，我们可以发现当时富贵的墓主佩戴的珠宝以胸针、吊坠、长链、项链、耳饰、手镯和戒指为主。美因茨宝藏中的胸针风格鲜明，是接下去几个世纪最主要的装饰品之一。那些带有固定针的胸针可以作为披风系扣使用，而单片金板的简单胸针可以被缝在服饰上。当时人们将吊坠穿在缎带上，挂于颈部。还有一种带有动物造型的大型圆锥状装饰物也用相同的方法佩戴【图42】。1204年西方人对君士坦丁堡的洗劫，使得大量贵重材料、金工制品以及新款设计流入欧洲。但是拜占庭珠宝并没有在西欧落地生根开枝散叶，反而由于拜占庭帝国的日渐势衰，拜占庭风格的珠宝也随着帝国的荣光渐渐消失在人们眼中。特别是耳饰和手镯等部分珠宝类别，甚至在欧洲销声匿迹了几个世纪。只有西班牙、意大利南部、西西里岛等部分地区还能见到它们的身影。随着哥特风格开始覆盖欧洲大陆，它将在欧洲大陆引领新的珠宝风潮。

珠宝上的哥特风格受到了哥特式建筑风格的极大启发，因此被称为哥特时期。哥特风在珠宝上的兴起是循序渐进的，早在1140年欧洲大陆已经出现了哥特式建筑，但直到13世纪晚期哥特风才开始波及金工制品上。这种风格导致珠宝从圆润的造型转向锋利和尖锐的造型，同时鼓励工匠们利用清晰的线条和纹路在首饰表面创造更密集的细节，使得珠宝更注重优雅。为了更凸显宝石，宝石和珍珠一般被镶嵌在光滑的素面上【图47】。有时在宝石旁边也有些乌银或珐琅的装饰，但这些装饰都十分平整。在哥特风格基础上，后哥特风格的珠宝于1375年前后形成。这一时期工匠们在首饰边缘向外凸起的尖头上镶嵌珍珠，让珠宝整体轮廓更为融合，也结合了更多自然主义的细节【图49】。后哥特时期最主要的珠宝包括胸针、腰带、戒指、头饰，晚期还出现了精美的黄金项圈，通常还搭配着一个吊坠。

　　黄金仍然是中世纪最珍贵的金属。最为值钱的宝石当属蓝宝石、祖母绿、红宝石以及红色尖晶石。这种红色尖晶石产自巴拉斯地区，颜色与红宝石很接近。由于当时宝石鉴定技术有限，人们常将红色尖晶石与红宝石混淆，因此它在当时被称为巴拉斯红宝石（Balas Ruby）。历史上最著名的宝石乌龙事件当数英国登基皇冠上的那颗深红色的"黑王子尖晶石"（Black Prince Spinel），在很长一段时间中，人们都误以为它是一颗红宝石。中世纪绝大多数时间，人们将这些宝石抛磨成不规则的弧面型，这种切工能够更好地展示宝石如水池般的色泽。但随着14世纪早期在印度和波斯创立的刻面切磨传入欧洲，欧洲宝石匠人开始将宝石打磨成有棱角的刻面型。这种抛磨方式的改变让钻石焕发光彩。在此之前，钻石只能以八面体的原石形态出现在首饰上，这个形状好像两个金字塔倒扣在一起。一开始宝石切割师只是将天然八面体结晶的钻石原石沿着水平方向切开，然后把两颗钻石尖头朝上镶嵌在戒指上。之后更常见的做法是将切开的金字塔再次横向一分为二，形成一个更小的顶尖和一个方顶的扁平钻石，这种形状也被称为台面切工或桌面切工（Table Cut）。钻石的切割打磨工艺开始在欧洲迅速普及，而自1465年开始布鲁日逐渐成为了欧洲钻石的切工中心。珐琅制作方面也迎来了新的技术突破。1290年左右透底珐琅（basse-taille）的出现，让首饰的雕刻纹路可以被彩色透光的珐琅所覆盖【图55】；1360年左右圆雕珐琅（曲面珐琅，émail en ronde bosse）的应用，使立体的黄金首饰表面也可以利用珐琅上色【图49、图50】。

　　这一时期金匠开始将自己制作的珠宝首饰成品陈列在店铺中，与大件的宗教器物和生活器物一同销售。戒指、胸针等小件珠宝在店内库存充足可供顾客挑选，而大件的珠宝则需要提前预约订制，客人们也可以提供自己的宝石让金匠镶嵌。在佩特鲁斯·克里斯图斯（Petrus Christus）著名画作《店里的金匠》中，金匠的主保圣人——圣埃利吉乌斯正在向订婚的客人展示戒指。店内挂着胸针、护身符吊坠，一盒戒指陈列在羊皮卷纸上，除此之外还有几包彩宝裸石和珍珠，以及几块白水晶和珊瑚【图43】。整个中世纪全欧洲最著名的金工中心位于巴黎，这里以时尚的设计和精湛的工艺而闻名。威尼斯、科隆以及后期的纽伦堡也是重要的加工和贸易中心。随着15世纪早期勃艮第宫廷在尼德兰地区（Netherlands）扎根，布鲁日的重要性也日益突显出来。由于欧洲中世纪珠宝在各个地区的款式都大同小异，所以我们几乎无法分辨某件首饰具体来自哪个国家。哪怕是那些珠宝上的刻字也无法帮助我们判断具体产区，因为刻字几乎都以法文或拉丁文为主。

　　当时意大利人垄断着从东方进口宝石和珍珠的贸易渠道，威尼斯城邦和热那亚城邦

43

15世纪佛兰德画家的画作《店里的金匠》的细节图，展示了当时金匠店铺中的现货。大部分都是小物件，如戒指和胸针，大首饰则需提前订制，在成品旁边还有几小袋珍珠、宝石，以及一支珊瑚和一块白水晶。

（Genoa）是其中最主要的两股势力。根据马可波罗的描述，13世纪晚期锡兰（Ceylon，现在的斯里兰卡）、印度和埃及发现了大量的宝石，其中锡兰成为了中世纪欧洲首饰上宝石的最主要来源。这些宝石被驼队带到君士坦丁堡、埃及和叙利亚的市场上，再被意大利商人采购带回欧洲，转卖给欧洲的贵族、金匠、宝石切割商等。有时甚至连绸缎商都来购买宝石，用于衣服刺绣。品质最高的珍珠来自于波斯湾和印度南端科摩林角（Cape Comorin）旁边的海域。通常这些珍珠打孔之后才被贩卖到欧洲，因此当时人们普遍认为天然珍珠都是自带孔道的。来自苏格兰河流中的淡水珍珠价格相对便宜，因此在珠宝上的使用更为广泛，被称为苏格兰珍珠（Scotch Pearl）。

在中世纪人们选择宝石不仅仅因其色彩美丽，还非常看重它们被赋予的宗教意义和治愈能力。社会各个阶层都认为宝石具备特殊的魔力，甚至将其作为一个专业学科研究。马博多（Marbodus）是11世纪晚期布列塔尼（Brittany）地区的雷恩主教。他引用了许多异教神话传说，编纂成《宝石之书》（*Liber Lapidum*），以拉丁文韵律诗的形式描述了超过60种宝石的神奇能力，对后世造成了深远的影响。例如根据他的记载，蓝宝石有许多方面的神力：防止佩戴者受伤受骗，增加祈祷的成功率，让拥有者不再受恐惧和妒忌的困扰，使人保持平和冷静，为发烧的病人降温，缓解溃疡、头痛，让眼睛复明，治愈结巴，甚至可以保持贞操以及让囚禁者脱困。马博多的书在中世纪的教士、金匠、医师和药剂师中流传相当广泛，为后世关于宝石的论文提供了理论基础。不只是传统宝石具备这种神奇的功能，不寻常的材料也因为相同的理由被镶嵌在珠宝上。独角鲸（一种长得像海豚的哺乳动物）被人们认为是独角兽。因此人们相信佩戴独角鲸的角能够防止中毒。蟾蜍石（toad-stone）是一种化石鱼的牙齿，被赋予了治疗水肿和缓解愤怒的能力。为了能够获神力，人们希望让宝石直接与自己的皮肤接触，因此这些宝石往往被镶嵌在镂空的底座上。有时为了释放宝石内部的魔力，工匠们甚至会在宝石上打对穿孔【图53】。

现在存世的中世纪珠宝上镶嵌的并非都是真正的宝石。和当今珠宝市场鱼目混珠的情况一样，当时的珠宝中也有非常逼真的玻璃制仿制品。我们可以从流传下来的原创配方中看到当时宝石造假的方法与工艺。15世纪上半叶来自意大利的一个配方记述了如何用石膏模仿蓝宝石或祖母绿。人们首先将雪花石膏碾成粉末，滴入油滴搅拌，再加入天青石或铜绿分别染成蓝宝石色或祖母绿色，然后把混合物放在火上加热，使之变得黏稠后抛磨成需要的形状，放入油中煮沸，最后在太阳下暴晒使表面坚硬。另一种方法是在彩色或无色的玻璃的表面镀膜或是在玻璃或水晶背面垫彩色衬底。拼合法制作宝石——通常将一块真的宝石薄片贴在假的宝石背板上方——也是当时流行的一种造假方式。仿制珍珠的工艺则是将玻璃粉末、蛋清、蜗牛黏液混合在一起，放在模具中压制成球形，打孔后等待球体变坚固。并非所有仿制宝石在当时都是用于欺骗消费者的，也有例外情况，如供儿童使用的小号珠宝以及皇室成员寿衣上的宝石都采用了假宝石。1307年英国国王爱德华一世（Edward I）去世，下葬时身着装饰着镀金四叶草的长袍。四叶草上镶嵌着彩色的玻璃，用来模拟红宝石、蓝宝石、紫水晶和钻石。尽管如此，中世纪大部分时期人们都对宝石仿制品带来的欺诈行为十分担忧，制定了十分严格的法律和行会规范来保护市场。

这一时期由于欧洲社会财富的积累，普通的平民百姓也有能力购买珠宝首饰。贵族们为了维护自己的社会地位，出台了"限奢令"（限制普通人佩戴奢侈品珠宝）将佩戴珠宝的权力限制在特殊阶层的人群中。第一道限奢令来自1234年的阿拉贡（Aragon）地区，而后意大利的部分地区在1260年左右也开始推出类似的法规。到下个世纪中期，限奢令在欧洲已经变得相当普及了。其中典型的代表是1283年法国颁布的皇室条例。它禁止城镇居民佩戴贵金属、贵重宝石、珍珠装饰的腰带及冠羽。1363年英国国王爱德华三世（Edward III）禁止工匠和自耕农佩戴黄金和白银制作的珠宝，又是这一时期的典型范例。在当时贵族眼中，这些规定是很有必要的，因为从当时留下的大量僭越的记录中，我们可以发现珠宝已经开始在宫廷圈子外慢慢流行起来。

当时人们最常佩戴的珠宝还是胸针【图44】，其中最流行的款式是中间有

44

圆环形黄金胸针，大部分来自英国和法国：（上方）心形胸针，约为15世纪；（左上和右上）两件胸针刻着
"给你我所有的爱，没有保留"（SAUNZ DEPARTIR），同样来自15世纪；（中间）一件大胸针，表面装饰
着黄金树叶、红宝石和蓝宝石，约为13世纪；（左下）一件镶嵌着宝石的圆形胸针，同样约为13世纪；（右
下）一件胸针，上方有两只握紧的手，约为14世纪；（中下）一件六叶形胸针，背面有给圣母玛利亚的祈祷
文，用珐琅书写，约为13世纪；（底部）一个罕见的双环胸针，镶嵌着蓝宝石和绿玻璃，约为13世纪。

一根固定针的圆环形胸针。铭文刻字成了最普遍的装饰。工匠们通常将隽丽的字母刻在胸针表面，拼出宗教铭文或爱情宣言，并用乌银和珐琅上色，与金黄色背景形成反差。与此同时一种名为"以诚相握"（fede）的造型不时地出现在设计款式中，单词来自意大利语言"mani in fede"，意思是双手虔诚地握在一起。通常这类圆环形胸针轮廓好像两只袖子，从装饰华丽的袖口伸出双手。尽管大部分胸针都是圆形的，但也有胸针被制成四叶草形、六叶形和心形。部分源自英国的胸针由一对交相辉映的圆环组成。工匠们利用卷曲的黄金装饰每个圆环的表面，并用不同颜色的珐琅突显两个环的差别。通常胸针是较为简单的珠宝首饰，但人们也发现了一些工艺细腻价格高昂的胸针，镶嵌着贵重宝石和浮雕宝石。

45/46

沙夫豪森缟玛瑙，来自1230—1240年。在精致的黄金上镶嵌着宝石和一件古董浮雕作品（和平女神）。整件作品通过铸造和錾花做出复杂但细腻的造型，我们可以看到镶筒与镶筒之间还栖息着小狮子。

　　13世纪的工匠将古董浮雕宝石用华丽的珠宝边框包边，制作出了华丽典雅的团簇胸针（Cluster Brooch）。这一时期凹雕和浮雕宝石深受追捧，特别是那些拜占庭时期留存下来的精美作品。因此工匠们将这些宝石从原来首饰的镶嵌中卸走，进行再次利用。在那些流传至今的胸针中，最精美绝伦的一件作品是中间镶嵌着一枚和平之神造型的卡梅奥（Cameo）胸针，卡梅奥材质是沙夫豪森（Schaffhausen）缟玛瑙【图45、图46】，周围的黄金边框上镶嵌着蓝宝石、绿松石、珍珠、祖母绿、红宝石和石榴石。胸针最外围的边沿处还栖息着微小的黄金狮子和雄鹰，象征了力量与高贵。这枚胸针与常规款式不同，背后并没有固定针，而是在需要佩戴时缝在服饰上。此外人们在瑞典穆塔拉（Motala）河中发现了一枚14世纪的大胸针（直径几乎

47

一件圆盘形大胸针，镶嵌着红宝石、蓝宝石、祖母绿、紫水晶和珍珠（现已缺失），约为14世纪早期，发现于瑞典穆塔拉河，素金底盘上点缀着人像、兽形、龙形装饰。

48

一件星形胸针、镶嵌着祖母绿、紫水晶和珍珠，于1325—1350年在维罗纳或维也纳制作。珍珠被镶嵌在一个个单独的黄金突起处，整件作品主要由宝石拼出图案。

49

一件装饰着黄金珐琅、珍珠和蓝宝石的胸针，描绘了一只被树叶围绕的躺卧骆驼，后哥特晚期自然主义和浪漫写实主义的代表，可能于15世纪早期在德国制作。

达到20厘米，7又7/8英寸）【图47】。这件首饰表面的宝石中间同样点缀着黄金的兽形和人像。但是相比于前一枚胸针，这件作品上的装饰排布相对分散，开始逐渐为简约的哥特风格提供了萌芽的空间。尽管14世纪胸针上的装饰可能十分奢华瑰丽，但那些被镶嵌的宝石不再被金银花丝等浓密的图案所掩埋，反而逐渐开始从周围背景中脱颖而出。来自这一时期的一枚星形胸针上镶嵌着祖母绿、紫水晶和珍珠，据考证应该是在维罗纳（Verona）或威尼斯的作坊中生产的，是造型上极具视觉冲击力的一件作品【图48】。还有一些款式简洁的团簇胸针，通常中间镶嵌一块大宝石，轮廓则排列珍珠包围。

后哥特时期的自然主义元素为胸针的设计开辟了新的道路。工匠们开始将宝石与形象的图案结合，并在黄金上利用曲面珐琅的新工艺做出立体的装饰效果。这些胸针中展现的主题包括宫廷爱情、淑女和百合花，以及各种神话中的高贵动物，如独角兽、牡鹿、骆驼和天鹅，每一种动物都是自然主义优雅与浪漫的代表【图49】。这些胸针的造型通常较为复杂，不少图案被黄金茎秆托起，同时还有珍珠镶嵌于边缘的突起处，整体造型显得更为立体。由于勃艮第宫廷对这类胸针的情有独钟，巴黎成了当时最主要的制造中心。埃森（Essen）大教堂中发现的宝藏中有一系列胸针，总共十六

47 | 48 | 49

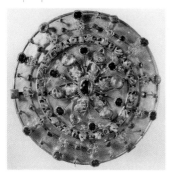  

件，据推测于15世纪早期在科隆制造。珠宝首饰上偶尔也会刻有大写字母，可能是某人的姓名，也可能具备宗教意义。一枚出土自牛津大学新学院的胸针来自公元1400年。胸针的天使报喜的图案中，刻有一个哥特式字母M，象征着圣母玛丽亚（Virgin Mary）。后哥特时期自然主义风格的另一种典型代表是"干树枝"造型，将黄金表面刻画出树皮状的褶皱纹理。15世纪工匠们利用这些"干树枝"勾勒胸针的外轮廓，好像是一个篱笆围着的花园，还有一对夫妻静静站立在花园中间【图50】。

50

一件镶嵌钻石、红宝石、珍珠的曲面珐琅胸针，刻画一对站在花园中间的爱人，来自1430—1440年的德国或勃艮第地区。这种珐琅工艺最先出现于1360年前后，用于装饰立体造型。

紧身腰带（girdle）或长腰带（long belt）也是中世纪男性和女性服饰上重要的搭配之一【图51】。必须承认的是，我们对于1150年之前的腰带款式知之甚少。中世纪大部分腰带用素面皮革制成，但也有华丽的腰带在扣头处和腰带末端都有丰富的装饰，甚至在整条腰带的表面都装上白银、镀银或珐琅的配饰。这种绚丽的腰带通常不用皮革，而用真丝或天鹅绒做底。上面的金属配饰通常单独购买，可以自行拆卸搭配不同腰带使用。哥特时期这些装饰物的图案带有典型的哥特式建筑元素，以及大写的花押文字和纹章学图案。女性佩戴的腰带在大部分时间中都比男性的更宽。不过14世纪例外，当时的流行风尚是男性佩戴宽大的腰带。这种腰带由长方形金属块组成，佩戴时需环绕臀部。我们可以从波兰国王卡西米尔三世（Casimir III）棺椁上［位于波兰克拉科夫（Cracow）大教堂］的雕塑中看到一条由建筑结构组成的佩剑腰带【图52】，这正是上述腰带的最佳代表。随着15世纪奉献珠宝的日益兴起，工匠们开始将圣徒肖像和宗教名言刺绣在腰带

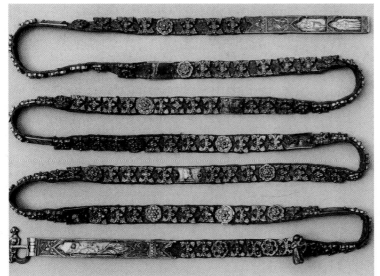

上。同时更多琐碎的配件也不断地在腰带上出现。如1420年勃艮第公爵"好人"菲利普（Philip the Good）参加舞会时在腰带上挂着几只铃铛。渐渐地人们将钱包、钥匙、数珠（paternoster，现在念珠的前身）、香囊等都挂在腰带上。这些小东西在装饰腰带的同时，也容易成为被扒手盯梢的目标。

中世纪的人们把戒指戴在各个手指上，甚至一根手指的每个指节上都戴着戒指【图53】。简单的金圈是大部分戒指的款式。有些戒指可能会在黄金表面刻上表达情感或宣扬宗教的铭文。戒指上的宝石镶嵌方式主要有两种，一种是爪镶，一种是用宝石周边的黄金将宝石最宽的部分包裹住，固定宝石。不管是哪种方式镶嵌，戒面形状通常都不规则，因为当时弧面形宝石的轮廓很少对称。随着戒指从12世纪晚期的简单马镫形（Stirrup）慢慢发展到戒臂上出现的高耸的哥特风格装饰，戒面的图案构造也变得更加复杂。工匠们将雕刻后的宝石镶嵌在印章戒指上，用于在密封信件的火漆上盖章。当然未镶嵌宝石的金属印章戒造价更低，也更为普及。宗教性图案或圣者肖像也会被雕刻在戒指上。特别是15世纪英格兰的戒指，经常有一连串凸起，通常为十个。佩戴者可以在祷告时更方便地计数。

　　与现代社会不同，当时社会没有区分订婚戒指和结婚戒指，一枚戒指可以同时作为订婚和结婚戒指使用。这类戒指的款式也没有严格的规定，要么镶嵌着宝石，要么是在素金环上刻上象征爱情的铭文，如SAVNZ DEPARTIR（给你我所有的爱，没有保留）或者AUTRE NE VUEIL（愿得一人心）。法语作为示爱和表白的国际语言，是书写这类铭文的主要用语。因为这些爱情格言有如一句小诗，所以也被称为爱情小诗。作为正式的订婚约定，这枚戒指通常在教堂前交予准新娘。到了正式婚礼那天，同一枚戒指会被赐福后，佩戴在新娘

53

中世纪戒指。

后排，从左至右。（1）黄金印章戒指，英国，15世纪；（2）黄金祷告戒指，三个戒面分别刻有圣埃德蒙、施洗者圣约翰和圣母与圣子，英国，14世纪晚期；（3）黄金戒指，镶嵌着凹雕男性半身像的红玉髓，戒面周围刻着"约翰是他的名字"（IOHANNES : EST : NOMEN : EIUS），可能来自英国，13世纪晚期；（4）黄金印章戒指，镶嵌着凹雕蒙面女子的蓝宝石，戒面周围刻着"阅读所享有的，享有所阅读的"（TECTA : LEGE : LECTA : TEGE），可能来自巴黎；（5）黄金戒指，镶嵌一颗蓝宝石和四颗紫水晶，13世纪；（6）黄金戒指，镶嵌钻孔的蓝宝石，英国，1360年；（7）白银印章戒指，戒面刻着一把剪刀，英国，1500年。

前排，从左至右。（1）黄金马镫戒，镶嵌着一颗蓝宝石，13世纪；（2）黄金诗文戒指，刻着"他很幸运，知道自己可以相信谁"（EL : WERE : HIM : YAT : WISTE : TO : WHOM : HE : MIGTE : TRISTE），英国，1300年左右；（3）黄金戒指，镶嵌一颗蓝宝石，14世纪早期。

右手的无名指上。

中世纪男性和女性还佩戴珠宝头饰，有简单的头箍或花冠，也有华丽的皇冠式冠羽。许多头饰的基底通常是一个纺织头带，上面不但装饰着华丽的刺绣，还被缝上黄金饰物和珍珠，因此在金匠和刺绣师傅的作坊中均有制作。当时人们认为贵族家庭的少女们特别适合佩戴绣着珍珠的头饰，而在她们结婚时会收到一顶更精美的头饰作为礼物【图41】。金匠们制作的头箍通常由一个个长方形方块通过铰链扣连接而成。这些方块的材质可以是银镀金、白银或黄金，表面还带有贵重宝石和珐琅组成的装饰图案。头饰的装饰风格与当时流行的其他珠宝风格类似。自13世纪14世纪纹章学的图案开始在头饰上出现，而后被自然元素图像所取代。头饰也可以十分华丽，据记载1320年英国国王爱德华二世（Edward II）佩戴的头箍上点缀着数朵黄金玫瑰花；而1460年勃艮第公爵——"大胆"查尔斯（Charles the Bold）拥有一顶瑰丽的花冠，整体由黄金树枝编成，还镶嵌着贵重宝石。

冠羽是更为壮丽的一种头饰。我们可以从那些高耸的花形装饰上感受到冠羽与头箍的明显差别。这些装饰物让冠羽的轮廓更为突出。加洛林王朝的皇帝们最先开始佩戴这种头饰。到了12世纪中期，骑士、乡绅以及他们的妻子也开始使用冠羽。冠羽经常作为结婚礼物赠予新娘，因此也被认为是最适合已婚女性佩戴的珠宝。在意大利文艺复兴时期的作家薄伽丘（Boccaccio）的《十日谈》（Decameron）记载着萨卢佐（Saluzzo）侯爵在准备婚礼时，采购了腰带、戒指和一顶冠羽。这些珠宝被认为是当时迎娶新娘必备的首饰。在中世纪后期，冠羽已经成为婚礼不可或缺的一部分，因此许多地方教堂甚至准备了一顶款式简单的冠羽，以租借给那些无力自己购买冠羽的新人使用。直到16世纪，英国人还会使用这类冠羽。在当地它们被称为"brydepastes"。自14世纪起，冠羽上开始布满宝石，同时制形变得更加夸张，看上去更容易夺人眼球【图52】。1402年，英格兰德朗布兰奇（Blanch）公主（国王亨利四世（Henry IV）的女儿）与巴伐利亚（Bavaria）的路德维希二世（Ludwig II）

大婚，嫁妆里有一顶1370年左右制作的皇冠，是当时最华丽的一件冠羽【图54】。14世纪末期，头饰的时尚开始改变，针织的头巾开始取代冠羽成为大众流行。皇冠也逐渐变成了皇室专属的身份象征。

　　大型的黄金项圈是中世纪珠宝的另一特色类型。一开始工匠们只是在丝绸或丝绒上添加带有珐琅、贵重宝石、珍珠的黄金饰片。渐渐地工匠们开始用贵金属取代衬底的布料，将金属块连接在一起形成项圈。项圈上的图案通常具有很强的象征意义，用于表达对家族、派系和组织的忠诚。其中最有代表性的珠宝是来自英国的SS形项圈。项圈上大写字母S最早代表了法语单词君主（Souverayne）。这种装饰最早是兰开斯特公爵冈特的约翰（John of Gaunt）拥护者佩戴的信物。1399年冈特的约翰的儿子获得英格兰的王位，成为了兰开斯特王朝的亨利四世。S形图案也因此成为了英国皇室勋章上的重要元素。尽管在约克王朝时期S形图案曾短暂地被太阳和玫瑰所替代。但到了都铎王朝，国王们不单在勋章上添加都铎元素——铁闸门和玫瑰，也再次采用

54

布兰奇公主的皇冠，约为1370—1380年，由黄金打造，镶嵌蓝宝石、红宝石、珍珠、钻石，以及八颗14世纪钻石仿制品，头箍处有珐琅装饰。从14世纪开始人们用花形图案装饰皇冠，使得皇冠变得更高耸，而这顶皇冠上的花形图案相对较小。

了S形图案。SS形项圈上还描绘了很多当时官员的办公场所，其中最高法院的首席法官和伦敦市市场的办公地至今还在使用。虽然项圈大多是作为荣誉赏赐给官员，奖励他们的服务与忠诚，但迫于生活所需，它们也可能被主人熔成黄金或置换其他物品。

　　由于各种骑士团勋章的不断出现，搭配的项圈款式也变得更加夸张与繁复，材质上也开始采用黄金和贵重宝石。中世纪的国王和君主开始设立各种骑士团勋章。这类骑士团勋章通常会限制成员的数量，并制定共同的目标，更好地增进成员的凝聚力。尽管大部分骑士团勋章仅存活了一段时间，但也有些勋章存在了数个世纪，至今仍然活跃，如1348年在英格兰成立的嘉德骑士团勋章（Order of Garter），以及1430年源自勃艮第的金羊毛骑士团勋章（Order of Golden Fleece）。通常创立者会根据个人喜好决定勋章上的图案。因此这些图案通常都个性十足，有时甚至有点异乎寻常。奥地利的特雷斯勋章（Order of Tress）成立于14世纪下半叶。它的项圈由银镀金制成，形状好像一条长长的发辫。1403年为了庆祝天使报喜日，卡斯蒂利亚（Castilla）设立了百合壶勋章（Order of the Lily-Pot）。它的项圈由一个个插着百合的花瓶组成。

　　圣像徽章也是中世纪流行的珠宝首饰，通常被作为帽饰或别在胸前。正如乔塞（Chaucer）所著的《坎特伯雷故事集》中描写的农民，佩戴了刻画着圣克里斯托弗（Saint Christopher）的圣像徽章。最常见的圣像徽章被称为朝圣者徽章。这些徽章从12世纪早期开始在朝圣地销售。考虑到经济能力不等的朝圣者是主要的购买人群，这种徽章很少使用贵金属，大多数采用锡镴和铅等低成本材质制成。早年的徽章只是复刻了某些教堂的印章，渐渐地更具体的图案开始出现在徽章上。人们可以轻易地通过这些图案联想到特定的圣徒或圣地。宗教的狂热总是传播的特别迅速，1170年圣徒托马斯·贝克特（Thomas Becket）在英格兰牺牲，1179年他的圣地上就开始出售以他为形象的圣像徽章了。圣髑盒吊坠是另一种典型的中世纪珠宝。白水晶既透明又珍贵，是打造这类首饰的不二选择【图55】。而几百年前法蒂玛王朝（Fatimid）的埃及工匠们雕刻的香料瓶在当时也深受欢迎。这些香料瓶被西方的匠人重新镶嵌后，可悬垂在腰部佩戴。

另一种宗教珠宝是"神羔"圆徽。这种蜡质的徽章刻画了"上帝的羔羊"以及现任教皇的名字。至少从1130年开始，每个复活节前一周的周六，罗马的圣彼得大教堂（St Peter's）都会制作"神羔"圆徽。部分徽章会被教皇在弥撒当天散发出去，剩下的则是教皇留给各个国王与君主的礼物。在中世纪石蜡本身就是一种昂贵的物资，但是"神羔"的精神力量才是受宠的真正原因。人们相信"神羔"的力量可以洗涤罪恶净化心灵，还可以抵御火灾、海难、暴风和魔鬼的攻击，甚至可以帮助女性生产。人们一般将包边的羊羔挂在腰上或脖子上。尽管

55

中世纪祷告珠宝：（左边）一个法国圣髑盒吊坠，银镀金的底板上用透底珐琅刻画了圣凯瑟琳，约为1370—1390年；（中下）一个法国圣髑盒吊坠，由伊斯兰白水晶香水瓶制成，整个瓶子形状如一条鱼，镶嵌在银镀金上，约为1300年；（中上、右边）两个德国吊坠，描绘了耶稣的诞生和耶稣受难，都由银镀金制成，来自15世纪晚期。黄金铸造的耶稣诞生图贴在金盘上，浮于胸针表面；耶稣受难图则是整体铸造好之后，再通过表面镀金完成。

这种徽章当时一定流传甚广，但可惜的是只有极少数的保留至今。由于人们对它的喜爱，"神羔"圆徽的仿制品一度都非常流行，特别是在15世纪。

从13世纪开始，最奢侈的宗教珠宝当属念珠串【图56】。我们从画像中可以看到，当时的念珠串要么缠在手腕，要么从腰带上悬垂。一般工匠将十个珠子串在一起，称为"十子"（decades）。念珠串要么首尾相连形成连续的圆环，要么两端装饰着精致的流苏。尽管念珠串可以用最简单的绳结制成，但材质昂贵的珠串仍供不应求。念珠串上珠子的种类繁多，包括西西里岛和那不勒斯（Naples）出产的珊瑚、波罗的海的琥珀、惠特

56
佛兰德地区的《祈祷书》内页，
微绘画家在天使报喜的图案周围
描绘了当时的吊坠和念珠串。

比（Whitby）和圣地亚哥-德孔波斯特拉（Santiago de Compostela）的煤
玉、德国玛瑙、白水晶、威尼斯玻璃和黄金等。许多念珠串还带有银镀金的
吊坠，通常呈十字架形，上面还有圣徒或大写字母的图案。欧洲各地都在生
产这种珠宝，特别是14世纪的英国，大量匠人的涌入导致当地某条街道都被
称为"念珠串小巷"（Paternoster Lane）。尽管本质上念珠串是一种宗教珠
宝，但在不同时期，它们也能彰显佩戴者的身份地位。13世纪晚期多明我教
会（Dominican）和奥古斯汀教团（Augustinian）的修士被禁止佩戴珊瑚、
琥珀和水晶做的念珠。15世纪末期，法国的宗教改革者们甚至布道说，真正
虔诚的教徒应该摒弃念珠串，因为它们与奢靡、情妇一样代表着堕落。

CHAPTER 4

第四章

文艺复兴

15 世纪—17 世纪

　　由于当时欧洲社会对古希腊和古罗马艺术与文化的兴趣与狂热，欧洲各地的珠宝首饰风格也逐渐地从哥特式转变成了文艺复兴风格。尽管古典时期的珠宝在那时还没有被发现，没办法直接让珠宝工匠借鉴。但是古典时期的建筑已经广为流行，使得神话传说慢慢替代了原先在珠宝上常见的圣经故事。这种风格的珠宝于15世纪下半叶在意大利南部率先出现，并逐渐向北转移，直到16世纪早期欧洲北部地区的珠宝仍以哥特风格为主。文艺复兴时期是被华丽、优雅、柔美等元素大量充斥的一段时间，同时由于宝石新产地的发现，这一时期人们所佩戴的珠宝超过以前任何时候。留存至今的珠宝以戒指和吊坠为主，我们可以从这些"幸存者"中一睹文艺复兴时期珠宝制作的高超工艺和精美设计。但想要完整欣赏和领略宫廷珠宝的魅力，我们还需要借助这一时期的人物绘画。在这些肖像画上，我们可以看到当时不管男性还是女性，都佩戴着大量的珠宝。而这一时期崇尚精准与自然的绘画风格，也让这些珠宝在画作上得以淋漓尽致地展现。

15世纪晚期，意大利主要城邦中的商贾们变得十分富有。这些富裕的家族也成了艺术家们的主要赞助人。这为金匠们制作珠宝以及新款首饰的流行提供了丰沃的土壤。在1470年左右的绘画中，一个最为醒目的变化来自于头部的饰品。人们舍弃了中世纪硕大笨重的头饰，而开始使用珍珠和珠宝串链装点头部。这些环绕着头围的珠宝细绳因为莱昂纳多·达芬奇（Leonardo da Vinci）绘制的《费隆妮叶夫人》（La Belle Ferronniéré）而被称为费隆妮叶细链【图58】。这种新式珠宝以君主的礼物以及王室联姻的嫁妆等形式被传播到欧洲各地。由于当时各地战乱和宗教迫害，导致许多金匠流离失所遍及欧洲，也进一步提升了传播的范围。由于印刷技术的出现，雕刻的设计图案也第一次得以印刷成册大规模流传，使得某地区出现的首饰新款可以迅速转变为国际流行。

一言概之，16世纪上半叶男性佩戴更多更富丽堂皇的珠宝，而女性则在16世纪下半叶独领风骚。1534年英格兰国王亨利八世（Henry VIII）颁布了《最高治权法案》（Act of Supremacy），将教会的财产充公，用于支持他奢靡的艺术资助，其中就包括制作大量奢华的珠宝。在亨利八世的画像上【图57】，他经常佩戴繁复贵重的项圈、戒指。他的紧身上衣和袖子上也钉满了镶嵌宝石的搭扣，就连帽子内沿也有一圈珠宝。当时流行的外衣袖口通常剪裁平整，人们通常将里面衬衫的袖口抽出外露，因此大量让衣物贴合的珠宝搭扣应运而生【图64、图67】。同时期法国的珠宝潮流主要由国王弗朗索瓦一世（Francis I）引领。他的画像上展示了相同风格的珠宝。不过弗朗索瓦一世对于一类针形的装饰品情有独钟。这类饰物被称为小悬针（aglet），通常用来固定他束身服的饰绳。而到了这个世纪下半叶，由于西班牙国王腓力二世（Philip II）提倡更节制的服饰，男性开始减少珠宝的佩戴；与此同时英国女王伊丽莎白一世

霍尔拜因绘制的亨利八世的肖
像。在这幅画像中他的紧身上
衣、袖子、帽子上都布满珠宝，
他还戴着H形图案组成的黄金长
链和一枚镶嵌宝石的吊坠以及几
枚戒指。亨利八世极大地推动了
当时男性珠宝的流行。

58

亚历山德罗·阿纳尔迪（Alessandro
Arnaldi）为佛罗伦萨的贵族女性
芭芭拉·帕拉维奇诺（Barbara
Pallavicino）绘制的肖像画，从
中我们可以看到流行至意大利的
珠宝新风潮。1470年人们开始放
弃原来流行的硕大头饰，转而佩
戴着费隆妮叶细链（一种环绕头围
的细绳），以及直接贴在头发上的
头饰。

（Elizabeth I）开始了自己漫长的执政，让适合女性的
珠宝变得越来越夸张繁复【图73】。

1494年来自米兰的比安卡·玛丽亚·斯福尔扎
（Bianca Maria Sforza）嫁给了神圣罗马帝国皇帝马克
西米利安一世（Maximilian I），为德国地区带来了文
艺复兴风格的珠宝，当地的传统哥特风格第一次受到了
挑战。但是文艺复兴风格的珠宝在这一地区的传播相对
较为缓慢。一方面是由于其他地区的文艺复兴艺术还没
有波及德国，一方面则是由于宗教改革所带来的不利效
应。当这一风格最终被当地人民接受，它迅速覆盖了德
国全境。到了16世纪中期，德国富裕的城镇慕尼黑、
纽伦堡、奥格斯堡（Augsburg）吸引了大量的金匠和
珠宝设计师，成为了欧洲重要的珠宝首饰加工中心。
纽伦堡画家、雕刻家维吉尔·索利斯（Virgil Solis，
1514—1562年）的作品中展现了人们熟练地使用文艺
复兴时期的装饰品，那些镶嵌着不同形状宝石的复杂长
链、项链和吊坠是1540年左右典型的款式。另一位艺
术家汉斯·米利希（Hans Mielich）则绘制了16世纪

一条项链的画作，约为1550—
1560年，是汉斯·米利希为
巴伐利亚女公爵安娜绘制的
珠宝清单中的一件。这条贵
重的项链上镶嵌着珍珠和宝
石，正陈列在一个风格主义
（Mannerist）的框架中。

中期慕尼黑地区的详细财产清单中，巴伐利亚公爵阿尔布莱希特五
世（Albrecht V）和他的妻子安娜（Anna）所佩戴的瑰丽珠宝，
令人印象深刻【图59】。

15世纪末期西班牙和葡萄牙赞助的远航探险也深深地影响了
宝石交易。1492年哥伦布（Columbus）发现新大陆之后，来自南
美洲的黄金、白银极大地充实了西班牙国库，同时南美洲也为欧洲
贫瘠的祖母绿资源注入了新鲜血液。一开始这种贵重的宝石是欧洲
人从当地的神殿和陵墓中掠夺来的，而后西班牙人16世纪中期在
哥伦比亚发现了祖母绿的资源，并开设了矿区。巴塞罗那成为了西
班牙的宝石交易中心，并发展出了一个繁荣的金匠协会。当地协会
为后世留下了详尽的文献，其中包括一系列重要的学徒的设计稿，
名为Libres de Passanties。1498年葡萄牙探险家瓦斯科·达迦玛
（Vasco da Gama）发现了新航路，绕过好望角抵达了印度。整个
文艺复兴时期印度是全世界最主要的钻石出产地。由于耗时更少，
海上商道迅速取代了延续了数百年的陆上贸易之路。因此里斯本取
代威尼斯成为欧洲最主要的印度宝石交易中心，同时也让葡萄牙占
据了宝石贸易的前沿阵线。

16世纪欧洲最重要的钻石切割与抛光中心位于巴黎和安特卫普（由于布鲁日的港口被淤泥堵塞，安特卫普取代了布鲁日）。1585年发生的安特卫普大屠杀（这一事件也被西方称为"西班牙人的愤怒"）导致大量的珠宝工人前往阿姆斯特丹避难，并在此建立了新的钻石切割中心。这一时期的宝石最常见切割方式是台面切工。这种切工的宝石通常采用包底方式镶嵌在首饰上，因此会使得宝石光泽略为暗淡，这也是当时珠宝首饰的重要特征。在不少绘画作品中出现的台面切工的钻石都显得稍稍发黑。17世纪早期，欧洲的宝石切割工匠发明了玫瑰切工，这一切工可以使宝石的光泽更为璀璨。玫瑰切工的宝石有一个平面的底部和一个由三角形刻面组成的拱起冠部。现今发现的最早的使用玫瑰切工钻石的记录来自1623年，当时法国工匠佩特鲁斯·马钱特（Petrus Marchant）将玫瑰切工钻石与方形台面切工的钻石一同镶嵌在首饰上。文艺复兴时期红宝石深受人们喜爱，来自缅甸的深红色红宝石更是其中翘楚。祖母绿和蓝宝石也经常被人们采用。而珍珠仍然是最受人们追捧并且价格最为昂贵的宝石之一。卡梅奥技艺又重新在欧洲迎来了新的高峰，在许多欧洲城市大受欢迎，特别是米兰。这也在文艺复兴时期统治者们已有的古代卡梅奥首饰和雕刻宝石之外，进一步扩充了收藏品的种类。人们将古代卡梅奥和当代作品一起镶嵌在珐琅金框上，制成戒指、吊坠和帽饰珠宝。

珠宝造假的工艺也在不断地提高，宝石和珍珠的仿制品也大肆涌入珠宝市场。威尼斯人担心珍珠造假欺骗顾客会抹黑这座城市货真价实的优良传统，因此他们在1502年颁布了极刑：任何制作假珍珠的人会被剁去右手并且流放十年。与中世纪一样，彩色宝石的仿制主要靠玻璃合成、颜色衬底、拼合石或真宝石表面镀银等手段。抛磨过的白水晶或玻璃是钻石的主要仿制品，随着葡萄牙人占据了斯里兰卡，无色锆石也成了仿冒钻石的选择之一。

文艺复兴时期部分特别的皇室珠宝开始区别于皇室个人珠宝，形成了国王专属的"御宝"。这一概念最早来自法国国王弗朗索瓦一世。他在1530年宣布八件特别精致的珠宝作品只能由法国国王继承，成为法国王室不可剥夺的财产。而后各地君主纷纷制定相应的法律规定，为欧洲杰出的皇室珠宝收藏奠定了基础。由于法律只保护御宝使用的宝石，并不限制它们的镶嵌款式，因此御宝可以被重新打造成不同的款式传给继位者。那些不受法律保护的皇室珠宝可以被视为可交易的资产，在欧洲历次重大金融变革中都起了关键的作用。当时的商业银行，如奥地利的富格（Fugger）银行不但是当时的国际货币中心，同时也参与贵重珠宝和珍珠的交易。银行贷款业务也接受珠宝，如1546年亨利八世向安特卫普银行家们贷款时，就提供了珠宝作为部分抵押物。那些特别重要的珠宝还会被赐予特定的名字，这些闻名天下的珠宝在欧洲境内的流转同时是欧洲各国王室财富转移的缩影。例如著名的"三兄弟吊坠"（Three Brothers Pendant）由三颗硕大的红宝石组成【图73】。最初的主人是勃艮第公爵"大胆"查尔斯，而后于1476年易手给瑞士人。这件吊坠被富格家族卖给英格兰国王亨利八世之后，就一直留在英国王室，在继任的伊丽莎白一世、詹姆士一世（James I）的肖像画中都有露面，直至1623年尚未登基的查尔斯一世（Charles I）将其改款重镶。这件作品最后一次记载是在阿姆斯特丹，当时英国保皇党为了内战筹集军费而将其典当。

尽管很多珠宝并无作者署名，但这并不妨碍许多文艺复兴时期的珠宝匠声名显赫。其中最著名的一位大师是意大利人本韦努托·切利尼（Benvenuto Cellini，1500—1571年）。他的珠宝作坊在罗马，曾经被法国国王弗朗西斯一世邀请到枫丹白露（Fontainebleau）制作珠宝。通过他的自传和专著，我们可以感受到当时多姿多彩的生活，也可以看出他是一个很有建树的匠人。没有确认署名是他的珠宝作品留存至今。1530—1531，他为教皇克雷芒（Pope Clement）制作了一枚斗篷上的扣钩。当时的人们用水彩画记录了这一事件，幸好后人在18世纪水彩颜料褪色前发现了此画，才得以了解当时的场景。整个16世纪，金工工艺被认为是最受人尊重的技艺，与绘画和雕塑等艺术的地位相差无几。在意大利，优秀的艺术家接受金工训练是非常普遍的现象，波提切利（Botticelli）和多纳泰洛（Donatello）就是其中典型的代表。

与之相对地，金工工匠，如切利尼和他的竞争对手克里斯托福罗·福帕（Christoforo Foppa）——通常被称为卡拉多索（Caradosso，1452—1526/1527年）也曾学习雕塑和绘画。艺术家们这种跨行的学习使得微雕的精准、清晰等特质体现在珠宝上，也把绘画中的逼真、优美带进了首饰制作中。在欧洲北部地区，金匠和美术家这样的跨界人才并不多见。但纽伦堡画家阿尔布雷特·丢勒（Albert Dürer，1497—1543年）的父亲就是一名金匠，他自己设计过珠宝；文艺复兴时期著名画家汉斯·霍尔拜因（Hans Holbein，1497—1543年）是德国奥格斯堡人，但在伦敦为亨利八世宫廷效力，设计了超过两百件长链、帽徽和吊坠【图60】。

这个世纪上半叶珠宝套装或配对的成套珠宝对男性和女性都很重要，亨利八世至少有两套珠宝套装，里面包含一个项圈、一个吊坠、长链、服饰扣钩和帽饰【图57】。在都铎时代早期，女性佩戴的珠宝相对没有那么浮夸，通常是一条窄项链，上面镶嵌着配对的珍珠和彩色宝石。当时那些装饰在头饰上的珠宝套装被称为"串饰"（Biliments）【图67】，而那些缝在宽大方形领口上的珠宝套装被叫作"方边"（Squares）。这些套装通常配搭一条"宝石项圈"（carcanet）和一条长腰带。类似单品吊坠这种不成套的配饰，通常被佩戴于颈部，还有一些不常见的小配搭如香囊和迷你书也可以挂在腰带上。到了16世纪中期，高领款式服装逐渐取代了低方领服饰。这些高领外套一般都正面开口露衬衣的褶皱领。这一时期项链款式也得到了发展，并且女性的紧身

60
一件花押字母RE组成的吊坠绘画，由亨利八世的宫廷画家汉斯·霍尔拜因绘制，大约来自1532—1543年。这类珠宝通常含有夫妻双方的首字母。

61

16世纪中期的祷告吊坠。（左边）虔诚的鹈鹕，由红宝石和黄金珐琅制成，来自西班牙；（中间）神圣的IHS花押，拱梯式切割的钻石镶嵌在黄金底座上，来自欧洲北部；（右边）托尔修道院首饰，是一件英国的死亡象征吊坠，珐琅绘制的骷髅提醒着人类不可避免的命运。棺椁上用珐琅装饰着摩尔式图案，侧边还刻着"等到基督复生，我们都将成圣"（THROUGH：THE：RESURRECTION：OF：CHRISTE：WE：BE：ALL：SANCTIFIED）。

62

一件16世纪晚期的西班牙吊坠，上面有一位戴着头饰的女性正骑着马头鱼尾怪（一种神话中的海怪，半马半鱼）。整件作品由黄金制成，装饰着珐琅和珍珠，同时镶嵌着可能来自南美洲新大陆的弧面形祖母绿。

胸衣和袖子上都布满了珠宝，不像以前只会用珠宝点缀服饰边缘【图66】。

　　吊坠是文艺复兴时期最受欢迎的珠宝，许多新颖的、充满想象力的作品都在这一时期出现【图61—图63】。吊坠通常挂在黄金长链上佩戴，但也可以贴在女性的紧身胸衣和袖子上。吊坠正反面都可供欣赏，因此两面都有装饰图案。常见的图案纹饰用珐琅勾勒，由卷曲的线条和尖锐的叶子组成，是典型的摩尔式装饰风格。尽管吊坠的设计初衷是与项链或精美的长链搭配使用，但当时的吊坠已经可以说是独立的珠宝，与正式的珠宝套装组合既丰富了样式变化又增加了趣味。吊坠的款式繁多，有些精美的黄金珐琅底座上镶嵌着单颗宝石，有些在精美的黄金微雕塑像上装饰了珐琅和贵重宝石。从15世纪下半叶起，牙签和掏耳勺这类具备实用功能的吊坠开始陆续出现。中世纪对于珠宝材料具备治愈性和魔力的迷信开始减弱，但还未彻底消失，人们仍认为独角鲸的角可以检测毒药。祈祷珠宝在欧洲仍然十分流行，从简单的十字架到充满宗教色彩的各种首饰都被人们佩戴。与世俗的珠宝一样，大部分祈祷珠宝是挂在短链上的微雕塑像。这些雕塑取材往往是圣母与圣子或是象征着基督的神羔或虔诚的鹈鹕（鹈鹕妈妈用自己血肉哺育孩子）等形象。与此同时，也有些珠宝雕塑题材略显浮夸，呈现的是一些古典时期的神话传说人物造型以及无法考证的鸟兽形象。受大航海时代的影响，那些刻画着帆船、海怪、美人鱼和男性人鱼的珠宝也很受欢迎【图62、图67】。

还有一类吊坠则利用大写字母或花押作为设计元素。有些吊坠上的字母是夫妻双方姓名的首字母，但由于这类吊坠的设计非常私密，吊坠在主人去世之后往往难以长时间留存。祈祷珠宝商出现的大写字母通常是神圣的花押字母"IHS"，源自希腊文字中的耶稣（另一种解释是拉丁文"耶稣，人类救世主"的缩写）【图61】。这种花押图形有棱有角，特别适合用长方形的拱梯（Hog-back）的钻石呈现。这些钻石沿着边沿镶嵌在一起，拼成字母"IHS"和十字架轮廓。通常这些首饰的背面也会用珐琅绘制的基督殉难图等图案装饰。

1560年前后，来自列日（Liége）的雕刻师伊拉穆斯·霍尼克（Eramus Hornick）出版了自己设计的一系列拱形或神龛状首饰，极大地影响了16世纪接下来一段时间的吊坠款式。这种吊坠类似建筑造型的边框由黄金打造。神龛位于首饰正中，通常描绘着生动的场景，如三博士朝圣或信望爱（faith hope charity）的化身等。对于金匠来说，这种款式十分便于制作，因为可以大规模铸造吊坠的基本轮廓，然后根据客人的需求将不同的场景添加在中间。1590年左右在奥格斯堡工作的法国人丹尼尔·米格诺（Daniel Mignot）在简单款吊坠的基础上开发出了一种更为精美的款式【图63】。我们可以从他出版的设计图中看到，这种吊坠有多个镂空的黄金部件，需要通过微小的螺钉将它们固定在一起。这种款式佩戴时更为轻便，价格也更为便宜。

16世纪宫廷服饰上充斥着种类繁多的珠宝，工匠们制作了大量的饰品以满足男士和女士们装饰长袍、紧身上衣、帽子的需求。随着褶皱花边式的服装

63 | 64
65 | 66

退出流行，扣钩和小悬针的实用功能渐渐消失，变成了一种纯粹装饰的饰品【图65】。这些饰品通常呈团簇状，在黄金上点缀着宝石和珐琅，可供自由组合搭配佩戴在紧身胸衣和长裙的袖子上。这些小饰品的大量使用，也发展出众多款式和无限魅力。在一幅伊丽莎白一世的肖像画中，女王佩戴了星星状、海龟状、人脸状等形状各异的小饰品。小悬针夸张的外形已经使它不再具备曾经的实用性，但仍很受欢迎，通常成对佩戴。我们可以从1567年一幅家庭肖像画中看到，科巴姆夫人（Lady Cobham）的连衣裙上戴满了这类饰品【图67】。可惜的是，只有少量的服饰珠宝得以留存至今。其中最精美的几件作品属于两位奥地利女大公。1607年她们造访奥地利因斯布鲁克（Innsbruck）时，留下几件服饰珠宝妆点圣母像的皇冠和圣杯。这几件珠宝也因此得以留存。

当时男性在室内和户外都会佩戴柔软的丝绒帽。文艺复兴时期人们通常会用各种帽饰装扮帽子。这些帽饰从简单的黄金钮扣和小悬针到复杂的珠宝，各种款式应有尽有。在许多幅亨利八世的肖像画中，他不但在帽子上搭配一串珠宝，还插着鸵鸟羽毛来与紧身上衣和袖子上出现的鸵鸟羽毛呼应【图57】。不过最常见的帽饰还是一种黄金圆徽，圆徽表面刻画着圣经或古典神话中的场景【图64】。切利尼曾记载过1520年前后这类帽徽在意大利十分流行，并且由于它们费时费工，因此价格不菲，他和卡拉多索都制作大量的帽徽。圆徽上的图案通常包含数个人物并且突出表面，有些用珐琅装点，有些则镶嵌着贵重宝石。

随着欧洲浮雕工艺的不断发展，黄金珐琅边框的卡梅奥肖像的帽饰越来越受欢迎。工匠们开始在卡梅奥造型上点缀镶嵌的宝石等，融合黄金珐琅等多重工艺制成一种图案效果更丰富的珠宝，这就是工艺复杂的科美西（commesso）珠宝。一件维也纳皇室收藏的科美西帽饰表面描绘了古希腊神话故事"勒达与天鹅"【图68】。勒达的头部和身体由一块白玉髓雕刻而成，覆盖腿部的微皱裙摆用黄金呈现，旁边的天鹅、丘比特以及背景中的建筑由黄金珐琅制成，圆徽的边缘包围着鸢尾花装饰，花上点缀着珐琅和台面切工的宝石。这种科美西珠宝最早的起源已经无法考据，但是它们在法国宫廷曾备受宠爱。

与之前的戒指相比，文艺复兴时期的戒指花样更为丰富，工匠们在镂刻的黄金戒托上镶嵌宝石和浮雕作品，并用珐琅增添戒指的色彩。与前几个世纪一样，人们将戒指佩戴在双手的不同指头上。1530年亨利八世的珠宝清单中包含了234枚戒指，众多亨利八世的造访者都曾记录他同时佩戴数枚戒指【图57、图64】。文艺复兴时期人们对科学的推崇使得工匠们将戒面制成罗盘和日晷造型。随着16世纪制表工艺的进步，开始出现迷你戒表，有些甚至可以报时，这个时期的戒表通常价格高昂并且略显笨拙【图69】。有些戒指在镶嵌着宝石或珐琅的戒面藏着一个秘隔，用于放置圣髑或香料，在历史剧《博基亚家族》（Borgias）的情节中，戒指里甚至放置毒药。死亡戒指（memento mori）则用来提醒凡人终有一死而无法逃避的命运，这种戒指的内部有的会隐藏一块黄金珐琅制成的骸骨。许多死亡戒指乍一看显得平淡无奇，但戒面旁边的铰链扣透露着内部的玄机。双环戒指（Gimmel ring，名字来源于拉丁语gemellus，意思是"成双成对"）由两只交错的戒圈组成【图70】。由于这种构造让人联想到婚姻中夫妻双方的结合，因此它们往往被用作婚戒。不仅如此，双环戒指上还有其他象征结合的元素，例如"以诚相握"——一种紧握双手的造型戒指，戒圈内侧偶尔会刻着结婚誓词。

由于流行头饰和发型的改变，使得在欧洲大多数国家消失了数个世纪的耳饰再次热门起来。在伊丽莎白一世的肖像画中我们可以观察到耳饰从1580年开始再次流行。不仅是女性，当时宫廷男性也有佩戴耳饰的习惯，沃尔特·雷利（Walter Raleigh）爵士和伊丽莎白女王的追求者法国的阿朗松（Alencon）公爵就有此好。许多耳饰只是简单的水滴形珍珠或宝石耳坠，被挂在耳洞或被丝带缠在耳骨上。更精致的耳饰则被制成字母、摩尔人、海豚、美人鱼等造型【图75】。17世纪早期耳饰的设计从形象的图案转为几何纹理，造型更加狭长。当时还流行一种不太常见的耳环。这种耳环通过丝带挂在耳朵上，素圈下方挂着一个小吊坠，通常垂至肩膀。16世纪晚期，沉寂更久的手镯也慢慢复苏。它们通常被成对佩戴，造型常见环环相扣的长链，配有长方形珐琅装饰的

69

一枚钟表戒指，机芯（包括闹钟）位于戒面，大约于1580年在奥格斯堡制成。在表盖的内侧有一幅耶稣被钉在十字架上的场景，由珐琅微绘而成，两端展开的侧翼同样带有耶稣受难的图案。戒臂处则有着华丽的装饰，有着类似女神柱（caryatid）的效果。

70

16世纪晚期的德国双环戒指，由镶嵌着宝石的银镀金制成。戒指的内侧刻有结婚誓词"被上帝结合的伴侣，没有人能够让他们分离"（What God hath joined together let not man put asunder）。

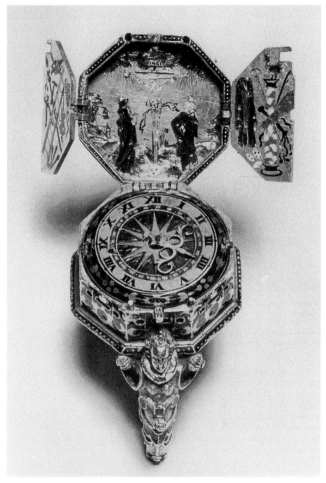

一件德雷克珠宝，1588年打败无敌舰队之后，弗朗西斯·德雷克爵士收到伊丽莎白一世赏赐的精致吊坠。吊坠正面以黄金珐琅为底托，正中镶嵌着一块红玛瑙卡梅奥，旁边镶嵌台面切工的红宝石和钻石。吊坠背面外圈也镶嵌着红宝石，中间则有一个盖子，打开后可以看到一幅尼可拉斯·希利雅德所作的女王微绘肖像，盖子内侧还夹着一张绘有凤凰的皮纸。

73

女王伊丽莎白一世的《白鼬画像》（the ermine portrait）的细节图，被认为是由威廉·西格（William Segar）于1585年所作。除了数不胜数的珠宝扣钩和珍珠外，女王还在紧身胸衣上佩戴了三兄弟吊坠。这件15世纪知名的珠宝由三枚大颗粒红宝石和一粒方形钻石及珍珠组成。

71 | 72 | 73

铰链扣，或者是简单的一串珍珠或宝石。

　　伊丽莎白一世对珠宝的痴迷举世闻名【图72、图73】。在画像中她的身上总是布满了琳琅满目的珠宝，如项链、吊坠、胸针、服装饰品、长链、戒指、发饰等珠宝；她的衣服上还点缀着珍珠（珍珠未必都是真的）。伊丽莎白的这些珠宝有些继承自她的父亲，有些则是外国使者的礼物，绝大多数是贵族们赠予她的新年礼物（1587年新年，她收到了80件这样的礼物）。女王也将珠宝赏赐给那些做出特殊贡献的人，如弗朗西斯·德雷克（Francis Drake）爵士和托马斯·海涅格（Thomas Heneage）爵士，他俩收到的吊坠是现存的这一时期珠宝中工艺最为精湛的【图71、图72】。这些精致的图案由珐琅装饰，还镶嵌着红玛瑙卡梅奥，有些还带有尼可拉斯·希利雅德（Nicholas Hilliard）绘制的伊丽莎白女王的微缩肖像。寓意符号在伊丽莎白时期珠宝中扮演了重要的角色。这些符号通过图案传递一些思想。例如阿朗松公爵追求女王期间，珠宝青蛙变得十分流行，因为阿朗松公爵的昵称是"青蛙"。更复杂的寓意符号可能隐含着政治信息，如神秘的伦诺克斯（Lennox）珠宝总共含有二十八个

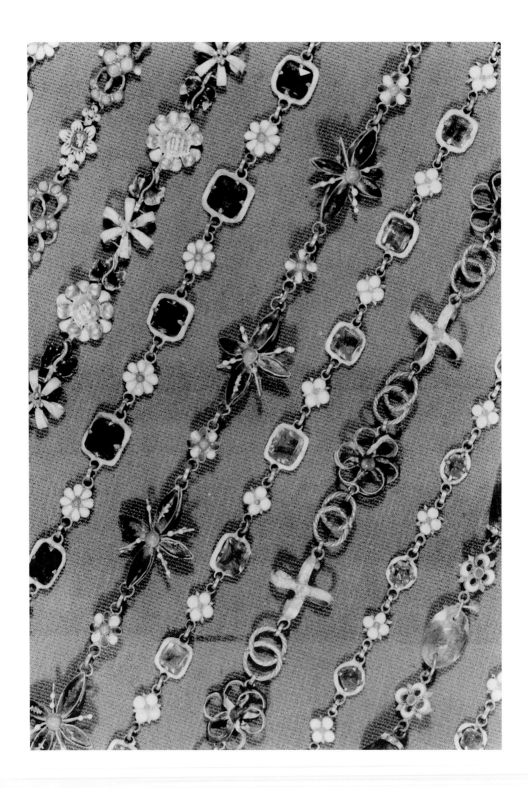

74

黄金珐琅制成的长链，有些镶嵌着宝石，来自17世纪早期。文艺复兴时期长链的款式丰富多彩，但由于它们相对较为脆弱，因此很难完整保存。这些长链是来自齐普赛宝藏，被认为是伦敦金匠库存中的部分珠宝。

寓意符号和六处铭文。这件首饰的真正含义至今仍是一个谜。据说它是由伦诺克斯女伯爵［达恩利勋爵（Lord Darnley）的母亲］委托制作的，想要给她刚回到苏格兰的丈夫报信，提醒他政局很不稳定。并不是所有寓意符号都如此晦涩难懂，大部分传统的寓意符号来自当时的符号学书籍，内涵相对较为简单明了。

　　17世纪之初，工匠发明了工艺更难的珐琅技术——玻璃网格珐琅（émail en résille sur verre），这是一种在玻璃表面上烧制珐琅的方式，通常用于制作微雕塑像的盒子。工匠需要先在彩色玻璃表面刻线画出图案，然后将图案区域镂空，进而用金箔包边后再加入珐琅粉末，最后将整件作品放入炉子中烧制。这一工艺可以调配出明亮艳丽的颜色，但由于工序太过繁复导致并没有被广泛应用。

　　珠宝从17世纪开始，尽管款式不同，但都具备一个显著特点，那就是宝石成为这时期珠宝主要亮点。此时的金属工艺不再是首饰的主角，而仅仅成为了衬托宝石的边框和嵌口。荷兰珠宝匠人阿诺德·卢尔斯（Arnold Lulls）曾为英格兰詹姆士一世的宫廷服务。他留下来的速写手稿有大量当时的珠宝草图，那些大台面型切工的大宝石只是简单镶嵌，并用黄金珐琅略微点缀。几何感的团花图案或钻石条带拼成的大写字母和寓意符号在当时十分时尚。这些珠宝背面的黑色系饰风格也是当时首饰的一大特点。工匠们在首饰背面衬底黑色珐琅，再用金丝勾勒出卷曲的剪影。这一时期人们还将许多小型珠宝首饰用蝴蝶结缎带缠在直立的蕾丝领上，比如詹姆士的妻子丹麦的安妮（Anne of Denmark）就将镶嵌钻石的蝴蝶结和钻石拼成的母亲和兄弟的名字首字母佩戴在领子上。同时男性佩戴的珠宝开始减少，通常只包含戒指、长链以及骑士团勋章或宗教徽章，偶尔也会出现微缩肖像画。但詹姆士一世依然在帽子上佩戴硕大的首饰，如三兄弟吊坠和由三颗大钻石加一颗红宝石构成大不列颠之镜（Mirror of Great Britain），象征着1604年英格兰与苏格兰的统一。

　　1620年在巴黎出现了一种新式的更自然主义风格的珠宝设计风格。这种
设计图案通常由抽象的叶子和弯曲的豆荚造型构成，因此被称为"豆荚式"
（cosse·de·pois）【图76】。这种图案通常由两种撞色的珐琅绘制而成，点
缀在放置微型雕塑的小盒子表面。紧身胸衣上夸张的钻石饰品和头上的羽饰也
用到了同样的设计元素，尽管不如装饰盒上出现的那么频繁【图76】。工匠们
在弓形的豌豆荚和锥形的叶子上成排镶嵌台面切工的钻石（通常在紧身胸衣饰
品上排列对称，而在羽饰则与之相反），而花朵中间则采用新款的玫瑰切工钻
石。鲁本（Ruben）的第二任妻子海伦娜·富尔芒（Héléne Fourment）在
1630年的画像中就佩戴了一件这种类型的硕大紧身胸衣饰品。

　　1912年伦敦在市政拆迁的过程中发现的著名的齐普赛宝藏（Cheapside
Hoard）出土了大量17世纪早期的珠宝首饰。专家推测宝藏的主人是伦敦的一
位珠宝商，也是一名典当商，因为一些原因将自己的存货掩埋地下。尽管出土
珠宝中有部分作品十分昂贵，但大部分都是商人的妻子可以佩戴的款式，因此

76

豌豆荚式的紧身胸衣饰品，由黄金珐琅和钻石构成，大约在1630年于法国或尼德兰制成。整件首饰中间有一个玫瑰花式的图案，周围则由弧形和锥形的叶子构成，花和叶子上镶嵌着成排的台面切工钻石。整件作品共分三层，零散部件通过细小的黄金螺钉被固定在一起。

整体的造型较为含蓄。这批珠宝包括花形珐琅饰品串成的黄金长链【图74】，珐琅戒面群镶祖母绿且戒臂装饰珐琅的戒指，金丝串成的祖母绿和紫水晶葡萄串吊坠，悬挂刻面紫水晶水滴瀑布的黄金珐琅边框，还有两只手表（其中一只内嵌在一块硕大的祖母绿六棱柱原石内），以及刻面宝石、玻璃仿造宝石、帽饰、发簪和纽扣等。有些首饰很像16世纪晚期的珠宝，但大部分首饰的金工风格都较为内敛，体现出以宝石为主的新风潮，展露了从宫廷蔓延到中产阶级的新时尚。

CHAPTER 5

第五章
巴洛克风格到
革命主义

17 世纪—18 世纪

17世纪早期，由于西班牙帝国日渐衰落，西班牙对欧洲宫廷生活的影响力也随之下降，而法国正慢慢崛起成为新的时尚意见领袖。在上一个世纪，来自哈布斯堡（Habsburg）王朝的西班牙和奥地利统治者们利用联姻和外交极大程度建立了欧洲社会秩序，因此促成了当时欧洲各国宫廷服饰和珠宝风格的极度统一。而法国在国王路易十三（Louis XIII）的统治下，在欧洲政治事务中的话语权越来越大，这种不断增强的外交实力也使得法国对欧洲宫廷时尚与礼仪的影响越来越大。1630年左右，贵族女性们不再穿戴带有大量刺绣和珠宝装饰的蓬蓬裙，而是身着更贴身柔顺的礼服，款式通常是泡泡袖和较低的领口。同时女性开始梳起柔软垂肩的小卷发，看着也不再像之前的发型那么死板。我们对这个新造型应该并不陌生，因为鲁本斯（Rubens）和凡·戴克（Van Dyck）的画作的女性经常这样装扮自己【图77】。

　　随着这种柔美的新式流行风格出现，数不胜数的珍珠开始被人们所佩戴。的确在某一个短暂的时期里，珍珠从使用频率和数量上似乎完胜其他各种宝石。总的来说，人们开始对雕刻和珐琅工艺制成的具象图案失去兴趣，转而开始关注大量宝石排布成的抽象而对称的图形。自然植物成为了当时设计的重要灵感来源，特别是新的珐琅工艺也恰好出现，使得工匠们可以将灵感化为现实。这一时期大量从印度进口的钻石、蓝宝石和红宝石，也让工匠们可以制作出极具价值的珠宝首饰。而钻石抛光、切割工艺的进一步提升也对珠宝款式产生了很大的影响。17世纪欧洲中产阶级的财富迅速积累，特别受到那些商业繁荣的贸易国家（如荷兰）的强烈冲击，有经济实力佩戴钻石首饰的人群也扩大到了资产阶级。

　　17世纪30年代的绘画中出现率最高的"珍珠"也正是当时最时尚的珠宝，也是人们最常佩戴的珠宝【图77】。那一时期人们的典型珍珠饰品不仅包括珍珠短项链、大颗水滴形珍珠耳坠、珍珠发饰，还有服装上的珍珠扣钩以及紧身胸衣、手腕和袖子上的珍珠饰品。这些配饰除了能够具备装饰效果外，还能让服饰保持贴身。与上个世纪一样，假珍珠作为一种低成本打造奢华感的方法依然盛行。17世纪一位名为杰

77

凡·戴克的一幅画作细节图，这幅画描绘了苏格兰贵族玛格丽特·汉密尔顿（Margaret Hamilton）和她的丈夫贝尔黑文（Belhaven）勋爵，约为1638年。绘画中女士的脖子上佩戴着一串珍珠项链，头发上也有珍珠穿梭，而耳朵上还有水滴形大珍珠耳坠，还有大量珠宝扣钩将她的绸缎礼服固定在一起。

奎因（Jaquin）的巴黎珠子制造商专门申请了假珍珠的生产专利。这一专利中描述道，需要以棕色的玻璃圆球为内核，表面镀上鱼鳞粉末和清漆的混合物，最后再在外层涂上石蜡以增加耐久度。直到19世纪，巴黎都是全欧洲最大的假珍珠制造基地。

17世纪的最初几十年中沙托丹地区（Chateaudun）的让·图坦（Jean Toutin，1578—1644年）发明了一种在黄金上绘制多色珐琅的工艺【图78、图84、图86】。这一工艺迅速从法国向欧洲各地传播，成为巴洛克时期珠宝的一个最典型的特征之一。最初这一工艺上出现的珐琅颜色仅包含不透明的白色、浅蓝色或黑色，当时许多珠宝就只是这几个颜色的简单搭配组合。但与此同时，那些技艺高超的珐琅画师则用细腻的笔触和更丰富的色彩用珐琅绘制出非常精细的图案，如花朵、风景、宗教或寓言中的场景。手表的表盘和表盖非常适合利用这一新工艺进行装饰，经常由内至外画满了珐琅图案。镶嵌宝石的珠宝可以在正面用钻石和珐琅进行装饰，但更常见的则是在背面进行珐琅绘图，特别是镶嵌宝石的封底底托是工匠施展技艺的绝佳场所。这种在珠宝表面施加珐琅的首饰风格一直持续到这个世纪末期，才逐渐被雕刻的装饰纹路和未经修饰的表面所取代。大部分制作这类珠宝作品的工匠并没有留下具体的名字，但其中有两位最重要的匠人恰好是图坦的两个儿子：1635年前往巴黎发展的亨利和前往斯德哥尔摩后成为皇后克里斯蒂娜（Christina）宫廷珐琅画师的让。

当时传入欧洲的奇花异草是一种奢侈的爱好，引发了富人们的极大兴趣以及人们对植物学的研究，同时也为艺术家和匠人们提供了设计灵感。16世纪末期让·罗宾（Jean Robin）在巴黎对纺织品设计师开放了他的温室，人们得以更细致地观察植物，并把这些细节应用到绘画和装饰艺术图案当中。这些植物元素一直持续影响到17世纪下半叶。罕见的花卉在这一时期是一种稀罕玩意，引发了许多人的追捧，但这也导致出现了不少投机行为，如从土耳其引进的郁金香催生了1634年的"郁金香泡沫"，使得不少商人损失惨重。人们

78

17世纪的技术创新包括微绘
珐琅的出现，使得珠宝精致
的细节得以实现。这一技术
通常用于绘制自然主义的花
卉珠宝：（左边）装饰着百
合、郁金香和康乃馨的剪刀
盒；（中上）珐琅绘制的花朵
连接着后期修补的黄金茎秆；
（中下）花卉怀表盒；（右边）
镶嵌着古董卡梅奥的吊坠，
周围环绕着珐琅花环。

79

大约来自1725—1750年的
匿名戒指设计稿。戒臂上出
现的雕刻和珐琅图案包含爱
情和死亡等多个主题，戒面
上镶嵌的宝石则提供了弧面
形、台面切工、玫瑰切工等
不同选择。

对于郁金香、百合、玫瑰和贝母等花卉的兴趣也反映在珠宝首饰上【图78】。当时盒式吊坠、微绘画框、手表盖和珠宝首饰的背面盘绕着各种雕刻的或多色珐琅绘制的花朵。

花卉图形也持续地出现在这一时期版画和珠宝设计书籍中，其中最著名的书莫过于1635年弗朗索瓦·勒夫韦伯（Francois Lefebvre）的《花之书》（*Livre des Fleurs*），以及1663年吉尔·勒盖尔（Gilles Légaré）的《金银工艺图录》（*Lilvre des Ouvrages d'Orfevrerie*）。尽管仅有部分这类书本采用德文，大部分还是以法文为主，但是这些设计书籍在全欧洲都流传甚广。这些设计图稿显示出刻面宝石重要性的日益提升，同时也为我们提供了一份很有价值的文献资料，帮助我们了解特定风格和时尚的出现时间【图79】。这对于我们研究17—18世纪珠宝风格非常重要，因为当时不少珠宝在传承的过程中都被后人遗失或改款再用，并没能保留下这一时期的珠宝实物。

西班牙人对于来自法国的巴洛克风格并不十分感兴趣。他们还继续坚持以宗教为主题的珠宝款式，如十字架吊坠、圣髑盒、象征着宗教裁判所的符号珠宝以及圣地亚哥勋章（Order of

Santiago），另外还有从肩膀斜挎过胸部的精致黄金长链【图80】。这些珠宝男女皆可佩戴，从16世纪下半叶开始流行，跨越两个世纪，直到1700年前夕被巴洛克风格取代。

当代考古学家在17世纪沉船中发现了当时西班牙人从菲律宾进口的货品中包含欧洲风格的珠宝首饰，这一证据表明当时东西方珠宝风格的交融已经达到了一个令人惊叹的程度。1638年预计从马尼拉（Manila）航行至阿卡普尔科（Acapulco）的康塞普西翁号（Nuestra Senora de La Concepcion）帆船意外触礁沉没，船上装载着供给欧洲市场的金网长链以及金银花丝纽扣。据推测这些珠宝应该是受西班牙金匠监工的华人工匠在菲律宾作坊中完成制作的。这批珠宝的发现对于了解当时珠宝首饰情况的意义重大。因为虽然不少画

80

幼儿时期的奥地利的玛格丽塔·玛利亚（Margarita Maria of Austria）的肖像画，由迭戈·维尔克斯（Diego Velsquez）于1659年前后绘制。她佩戴的精致黄金长链，是当时在西班牙流行最久的首饰。她的服装配饰和耳饰也在服饰的衬托下更为显眼。

作上都出现过类似的珠宝，但很少有臻品能够留存至今，一方面原因是这一时期的珠宝很容易受损，另一方面是由于这些没有珐琅和宝石装饰的首饰大多会被后人熔成黄金置换货币。

17世纪中期英国的珠宝首饰几乎没有受到欧洲大陆风尚流行的熏陶，反而受到当时英国内战的极大影响，特别是奥利弗·克伦威尔（Oliver Cromwell）执政时期的清教主义。随着1649年查尔斯一世（Charles I）被处死，许多保皇党们开始暗中佩戴纪念珠宝【图81】。有些人甚至宣称这些首饰

17世纪的哀悼戒指和死亡象征戒指:(后排)英国保皇党的戒指,一枚纪念被处决的国王查尔斯一世,戒面正中有他的微绘头像,外圈围绕着钻石;另一枚则镶嵌着编织的头发,以及金丝制成的查尔斯二世和妻子布拉甘萨的凯瑟琳(Catherine of Braganza)的首字母;(前排)装饰着骷髅头和交叉腿骨的黄金戒指,用来提醒人类生命的脆弱,在西欧十分流行;17世纪晚期还出现了镶嵌着钻石或红宝石的同款戒指。

中含有一缕头发或是一块国王染血衬衫的碎片。这些纪念珠宝的形制丰富多样,既有印着"烈士国王"头像的廉价白银盒式吊坠,也有隐藏着查尔斯一世和未来查尔斯二世画像的精致黄金珐琅首饰。后期人们还制作类似的纪念珠宝用于支持詹姆士二世和快乐王子查理(Bonnie Prince charlie),但产量相对较小。

英格兰的共和国时期(Commonwealth),就连结婚戒指都能招来清教徒的非议。尽管如此,它们仍然被人们佩戴,款式上不但有素金指环,还有镶嵌宝石的珐琅戒指。人们也保留了在戒指内圈刻祝福和忠贞誓言的习俗。当时甚至有些书籍,如《爱的秘密》(*The Mysteries of Love*)或《告白的艺术》(*The Arts of Wooing*,1658年),还记载了与爱情相关的名言和诗歌供人选择。整体来看17世纪的戒指制作更为精致,有些戒指上面镶嵌了单颗宝石,也有些戒指用玫瑰切工的钻石在大颗彩色宝石外围环绕排布,组成简单的几何

图案。

由于战争和瘟疫的频繁爆发，各种各样的死亡象征首饰在欧洲各地出现。与16世纪出现的死亡象征首饰一样，它们通常装饰着骷髅头、骷髅以及棺椁等代表着死亡的图案，希望能让人们更珍惜现世的生活【图81】。17世纪下半叶悼念特定亡者的珠宝开始出现。人们通常将金丝制成亡者姓名的首字母、徽章和死亡日期，然后嵌在亡者头发编织的背衬上，有时也会加入黄金珐琅制成的小骷髅或带翅膀的沙漏等元素，最后用一片刻面水晶将整块图案覆盖，镶嵌在戒指或吊坠（Slide）上，通常用丝带将吊坠挂在手腕或脖子上。

这一时期珠宝首饰上不断增大的钻石使用量，从侧面证明了欧洲市场获取钻石的途径越来越便捷。旅行家和商人让巴普蒂斯特·塔维尼尔（Jean-baptiste Tavernier，1605—1689年）就曾多次前往印度，造访了戈尔刚达（Golconda）王国举世闻名的钻矿，并将大量的高品质钻石带回了欧洲。17世纪最后几十年中还出现了明亮式切工，这种切工时至今日仍是钻石众多切工中最受欢迎的一种。明亮式切工由之前的台面切工演化而来，整体形状更深，并且在冠部或顶部添加了33个刻面，在亭部或底部添加了25个刻面，以增强钻石的光学效果。尽管当时阿姆斯特丹是钻石商业化切磨的中心，但巴黎似乎才是这种切工的诞生地。在这个世纪末期，镶嵌工匠经常在钻石背后垫上衬底，以增加钻石的闪光，并用白银而不用黄金镶嵌，这样做能够使得钻石视觉效果更大，并且颜色显得更白。

蝴蝶结是巴洛克时期珠宝最为重要的元素之一，有可能是从原先在珠宝首饰上扎系的丝带结中演化而来【图82—图84、图86】。17世纪中期的绘画为我们提供了例证。其中大量吊坠、胸针和耳饰的上半部分都由蝴蝶结构成。这些蝴蝶结通常正面镶嵌着台面切工和玫瑰切工的宝石，背面则绘有珐琅。有一类蝴蝶结狭长的空环微微向下弯曲，被称为"塞维尼蝴蝶结"，因法国作家塞维尼夫人（Madame de Sévignés）得名【图83、图84】。另外当时丝带状的项链、圆环和绳结串联成黄金珐琅手镯上都带有明显的蝴蝶结元素【图86】。

82

1662年荷兰家庭绘画的细节图，证明了当时蝴蝶结是珠宝上最流行的元素，要么像女儿佩戴的那些，用丝带打成蝴蝶结下面挂着珠宝；要么像妈妈佩戴的这些珠宝，蝴蝶结和挂坠上都镶嵌着钻石。

83/84

塞维尼蝴蝶结的正反面视图，正面在黄金珐琅上镶嵌着宝石和珍珠，背面则用珐琅绘制花卉图案。这个款式与17世纪60年代两位珠宝设计师——吉尔·勒盖尔和弗朗索瓦·勒夫韦伯所绘制的珠宝设计图十分相似。

85

路易十四拥有数量惊人的钻石首饰，其中一大部分被他作为纽扣进行佩戴，成套的钻石纽扣超过100枚。我们可以从这幅画作中看到他的织锦外套上散布着许多钻石纽扣。

82
83 | 84 | 85

17世纪末期勃兰登堡（Brandenburg）蝴蝶结成为流行时尚。与塞维尼蝴蝶结一样，这是一种长条的横向蝴蝶结，但上面宝石的排布更为紧密，并且蝴蝶结沿着水平两端逐渐变尖。这种蝴蝶结原来是普鲁士军事礼服中的一种装饰性扣结，于1677年作为一种男性珠宝被奥尔良公爵（Duc d'Orléan）带入法国宫廷。但它随后迅速被法国宫廷女性所接受，作为塞维尼蝴蝶结的替代品。当时女性将多个配对的胸针同时佩戴在服饰上，根据大小依次挂在紧身胸衣上。胸针的背面这时通常用雕刻装饰。

86

一条黄金珐琅项链，由数个大小不一的蝴蝶结串在一起组成，正中间最大的蝴蝶结上镶嵌着台面切割钻石，还挂着水滴形珍珠和紫色蓝宝石，约为1660年。项链末端的金圈用丝带系住挂在脖子后方。

一件典型的西班牙紧身胸衣饰
品，约为1700年，由来自新世界
的黄金、祖母绿以及钻石制成。
珐琅花朵和抽象的昆虫在饰品周
边点缀，还会随着佩戴者移动而
微微颤动。

随着18世纪的临近，珠宝首饰上镶嵌宝石的基
座越来越精细，使得铺镶宝石的排布更为紧密，更好
地凸显了整件作品的华丽。这种铺镶宝石的效果可以
在西班牙夸张的紧身胸衣饰品和耳饰中得到充分的体
现，通常将中美洲和南美洲出产的黄金和祖母绿搭配
在一起，将两者的特色展现的淋漓尽致【图87】。这些
首饰能够保存到今天，很大程度得益于它们被放置在
神龛或教堂中保管。

耳饰的风格转变与其他首饰的流行款式保持同
步。尽管在英伦三岛珍珠耳坠的地位仍然十分稳固，
但是在欧洲大陆的其他地区更复杂的新款耳饰已开始
成为时尚宠儿。1650年的绘画上女性开始佩戴的大型

耳饰由两到三个部件组成，与身上佩戴的其他首饰的风格统一，通常也是由黄金、宝石、珐琅制成【图82】。耳饰上也经常出现蝴蝶结和花卉的元素，但从1700年开始至18世纪大部分时期最典型的造型则是烛台耳饰（Girandole）【图92】。这种耳饰通常由三部分组成，下方悬挂三个水滴形吊坠（正中那枚吊坠位置略微靠下），中间部分的蝴蝶结或绳结造型则将三枚吊坠与耳饰的上半部分组合在一起，整体与当时悬挂着水晶吊坠的大烛台形状类似，因此被称为烛台耳饰。

尽管男性在17世纪也有佩戴珠宝的习俗，但是供日常使用的珠宝并不多，更多的首饰是为了特殊典礼佩戴。法国珠宝最奢华的时期正好是路易十四（Louis XIV）统治下，他所拥有的璀璨的钻石收藏中甚至包括英国皇室御宝上的钻石。法国马扎林（Mazarin）在英国内战时期将这些钻石采购回法国宫廷。路易十四用钻石纽扣、钻石带扣装饰自己的袜带和鞋子，仅1685年一年，他的珠宝商就向他提供了118枚钻石纽扣【图85】。在英国，男性佩戴的珠宝更为内敛，但在凡·戴克绘制的画作中查尔斯一世端坐在马背上，同时耳朵上戴着一枚水滴形珍珠。他收藏了数量繁多的珍珠纽扣，在当时十分出名。当时西班牙男性佩戴的首饰最少，他们拥有的珠宝通常仅限于颈部长链和帽徽，有时也有骑士团勋章和宗教题材吊坠。

1723年随着路易十五成年并正式执政，他为法国宫廷创造了一种欢快而优雅的流行风潮，这一风格也被欧洲其他地区的国王和君主竞相模仿。这种风格的珠宝更为华丽多彩，钻石和贵重宝石仍然是首饰上重要的组成部分，与此同时高仿宝石和玻璃制品也被使用在珠宝上。更具流动性的自然主义元素以及丰沛的丝带蝴蝶结逐渐取代了原先的团簇式镶嵌，这些新的首饰图案一直延续到18世纪80年代【图90】。其他图案还包括不对称的花束或是单独的花卉，一般由钻石和黄金搭配而成。珐琅装饰开始退出流行，只有最保守的地区，如西班牙仍在使用珐琅，通常这一时期珠宝的背面都是无装饰的素金。尽管法国仍然是流行的风尚标，但欧洲其他城市如圣彼得堡、德累斯顿（Dresden）、里斯本和伦敦等地也积聚了大量的财富，让艺术家得以尽情施展天赋。随着时间的不断推移，人们开始对不同场合佩戴的珠宝进行明确区分，分为适合白天佩戴的珠宝和装饰更为繁复的晚宴珠宝。

我们可以从R·坎贝尔（R.Campbell）的作品《伦敦商人》（The London Tradesman）中一睹18世纪珠宝行业的生存状态。他描述了一个欣欣向荣同时也分工明确的珠宝产业，学徒、熟练工、大师围绕着伦敦苏豪区（Soho）共同组成了规模不大但专业度很高的作坊。这些作坊中生产的珠宝提供给零售商销售，而大部分零售商也因此不需要提前备货。零售商有专门用于宣传广告的商业名片【图88】，名片上刻着他们的姓名、地址、专长，周边还绘制了他们提供珠宝的种类。通常零售商除了提供项链、耳饰和腰链（chatelaine）以外，还销售一些大物件，如烛台、咖啡罐和盖碗。我们从交易名片中可以看到，当时以旧换新已经成为了一个常规操作，二手珠宝同样也出现在广告宣传中。由于法国带动着珠宝流行的趋势，因此不论是否与巴黎工匠或胡格诺（Huguenot）工匠有真正的联系，有些伦敦珠宝商都会在名片上用英文和法

88

伍德街（Wood Street）的珠宝商塞缪尔·泰勒（Samuel Taylor）的交易名片，约为1740—1750年。名片周边图示了他销售的珠宝，包括吊坠、胸针、搭扣、印章和戒指。在下方的吊坠呈不对称的外形，是典型的洛可可风格。

文同时进行标注。

18世纪30年代源自巴黎的洛可可风格逐步影响了欧洲的装饰艺术。洛可可风格首饰上经常出现的珠光宝气的花卉、羽毛和薄叶片看着优雅且灵动，这种不对称的设计直到18世纪80年代依然十分流行【图90】。抽象设计的洛可可珠宝相对少见，我们只能通过当时的设计图感受到这些作品的魅力，如18世纪30年代伦敦设计师托马斯·弗拉赫（Thomas Flach）和18世纪40年代意大利设计师D.M.阿尔贝尼（Albini）留下的记录【图89】。除此之外，少量幸存的宝石镶嵌的作品也证明了它们曾在西班牙和俄罗斯风靡过一段时间。到了1750年洛可可元素在宝石镶嵌的首饰上出现的频率下降，反而成为鼻烟盒和腰链上的主要装饰。

到了1700年印度钻矿几乎枯竭了，幸好18世纪20年代人们又在葡萄牙的殖民地巴西发现了新的钻矿。起初欧洲人十分怀疑新产地的钻石品质，因此有些商家把巴西钻石谎称是从印度进口的。在1750年前后这些质疑几乎都已消散，巴西钻石开始大批涌入欧洲市场，使得钻石价格也因此降低，钻石首饰的数量与日俱增。巴西同时也成为葡萄牙人格外钟爱的另一种宝石——黄色金绿宝石的主要产地。

这一时期工匠们使用的大部分钻石都是白钻，但通常都会在背后垫上彩色的金属衬底。这种做法带来的柔和色泽格外契合当时浪漫自然主义的珠宝风格，而明亮式切工也保证了宝石在烛光下依然足够闪亮。蓬巴杜夫人（Madame de Pompadour，1721—1763年）所拥有的一套珠宝套装，就利用衬底将钻石垫出浅浅的粉色、绿色和黄色；而俄罗斯收藏的华丽珠宝花束上也使用了各种彩色衬底的钻石【图90】。人们通常将花卉首饰佩戴在紧身胸衣或头发上。随着佩戴者走动，首饰边缘用金属丝连着的小鸟或蝴蝶也在光下熠熠生辉。

这一时期头发上佩戴的典型钻石首饰带有一大块不对称的饰品，被称为羽饰（aigrette），造型上通常以花束、麦穗和羽毛为主。18世纪60年代项

89

意大利设计师D.M.阿尔贝尼设计的宝石镶嵌首饰草图，大约为1744年。其中一枚胸针上出现了经久不衰的蝴蝶结，另一枚则是一个对称的小花篮，而剩下四枚胸针上不对称的造型受到了新出现的洛可可风格的影响。

90

一件俄罗斯的花束首饰，大约为1760年。工匠们用祖母绿完成花朵的茎秆，并在明亮式切工的钻石背后垫上彩色衬底，以达成花朵柔和的色彩。

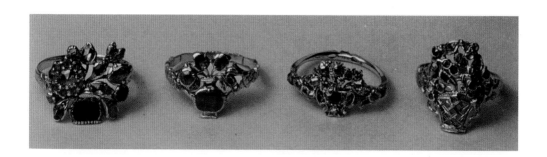

链的佩戴位置相对较高，要么是一条简单的珍珠串，要么是由丝带和花卉交织而成的一圈珠宝花环，通常有一个配套的坠饰，有时还会多一圈较低的环，叫作附圈（esclavage），佩戴时把连接它们的丝带系在颈后。珠宝边框的微缩画经常被当成胸针佩戴，或被镶嵌在珍珠手镯的搭扣上将几串珍珠首尾相扣。18世纪中期女性紧身胸衣的正面有一种特殊的饰品——V形胸针（stomacher）覆盖了领口到腰部的位置，为了便于活动，这种胸针由几个部件拼成【图93】。而V形胸针的常见替换品是一系列从大到小排布的蝴蝶结形钻石胸针，因此胸针通常个头都很大【图94】。礼服上分布着贵重宝石制成的纽扣和裙饰，甚至裙摆的褶边都镶嵌了钻石（俄罗斯的御宝中还保留着四十六件梭子形钻石裙饰，来自1770年前后）【图94】。在不那么奢华的服饰中，小的花卉胸针通常被钉在宫廷礼服的罩裙上或长袖上。1758年哈雷彗星出现之后，彗星造型的珠宝越来越流行，逐渐开始取代原来的花卉元素。耳饰中最常见的款式还是烛台耳饰。

91

小花园戒指，戒圈由黄金制成，镶嵌着钻石、红宝石、祖母绿、紫水晶，还有白银筒镶的玻璃。这种戒指18世纪40—50年代在西欧非常流行。

92

一套首饰，由白银制成，镶嵌着仿制欧泊（玻璃），包括烛台耳饰、项链、纽扣，可能来自法国，约为1760年。这些"欧泊"其实是背后垫了粉色衬底的蓝色不透明玻璃。

尽管花卉元素在大型首饰中慢慢消退，但在小型首饰中得以保存，如18世纪中期的小花园（giardinetti）戒指【图91】。这种戒指上透底镶嵌了彩色宝石和玫瑰切工的钻石，共同拼出微小的花篮造型。除此之外还有些戒指的戒面上装饰着雕刻或珐琅的图案，如狂欢节面具或摩尔人头像等，通常还隐含了一个秘密隔间。

新古典主义元素最早从18世纪60年代开始出现，与当时仍很受欢迎的自然主义花束和风头正劲的丝带设计一并存在。花环仍是流行的设计之一，但款式上开始变得更加常规而有序，不再像之前的花环那样狂野，反而透露着精致与细腻。国王路易十六（Louis XVI）和

93

一件德国V形胸针，由银镀金制成，镶嵌着明亮式钻石和珍珠，约为1710—1720年。为了方便活动，整件胸针由两部分组成，可以完整覆盖紧身胸衣的正面。

94

三个大蝴蝶结胸针可以从上至下佩戴在紧身胸衣正面，其他六枚珠宝是四十六件缝在礼服上的梭形饰品的一部分；来自俄罗斯，约为1760—1770年。

王后玛丽·安托瓦内特（Marie-Antoinette）引领的法国宫廷不像路易十五时期那么绚丽浮夸，但工匠们还是在旧制度的末期制作了大量奢华的珠宝供皇室使用。例如1786年玛丽·安托瓦内特委托巴普斯特（Bapst）订制了一件钻石花束，由野玫瑰和山楂花组成。花彩项链（Festoon Necklace）由钻石拼出的窗格图形组成，搭在胸前闪闪发光，正好装点低领的宫廷礼服，是18世纪70、80年代最为时髦的珠宝首饰之一。

1770年前后有一件著名的"丑闻珠宝"，那是路易十五为他的情妇杜巴里夫人（Madame du Barry）订制的一条钻石花彩项链【图95】，当时这条项链开出了天价1,600,000里夫。不过路易十五在这条项链制成之前就去世了，没来得及支付费用。于是制作项链的宫廷珠宝商博默（Bohmer）尝试着将这件珠宝卖给继任的国王路易十六，但却没有成功。到了1785年，拉莫特（La Motte）伯爵夫人阴谋骗走这条项链。她让罗翰（Rohan）错信是当时的玛丽王后希望在路易十六不知情的情况下得到这条项链，于是替她将项链买了下来，但项链并未献给皇后，而是被送至英格兰拆分成了几段。随后这件事情被曝光，由于玛丽皇后平时生活过于奢侈，人们普遍相信她就是骗走项链的主使，这件事进一步激发了巴黎市民的不满情绪，成为牵累玛丽·安托瓦内特的一桩丑闻。

95

1770年路易十五为情妇杜里夫人订制的命途多舛的花彩项链，由博默和巴桑日完成，一共含有647颗明亮式切工钻石，总共2,800克拉。这条项链最终被拆分了，但由于名声在外，所以有多个版画记录。

18世纪中期男性的饰品也非常奢华。在乔瓦尼·雅各布·卡萨诺瓦（Giovanni Jacopo Casanova）的回忆里说到"鼻烟盒、钻石和红宝石表链、戒指等首饰让他看着更像一位地道的绅士"，这些珠宝都是当时男性典型的日常配饰。团簇镶嵌的钻石组扣仍是用途最广的饰品。另外骑士团和社会团体的珠宝徽章也变得更为广泛，欧洲天主社会中最知名的金羊毛骑士团勋章继续激发了珠宝匠人们的创造精致徽章灵感。甚至连中产阶级也开始出现类似于徽章的装饰物，比如英格兰1745年成立的反法国天主教社团的团徽，目的是促进英国本土加工业，抵制法国商品的进口。鞋扣和领巾扣（在脖子背后系住高领巾）也是绅士经常佩戴的珠宝，宫廷贵族们使用的会镶嵌钻石。由于后期男性服饰开始变得简朴，这些首饰在19世纪大多被拆散，能够幸存至今的少之又少。18世纪晚期，印章十分常见，有一些直接镶嵌在戒指上，有一些则挂在表链或表袋上。"fob"这个词最早是男裤束腰带上放置怀表的小口袋，但渐渐开始指代为挂怀表的短链，最后直接定义为短链上悬挂的装饰物。通常这些短链都是人工打造，所以造价高昂，因此也有用黄金加编织的头发制成替代品以节约成本。总体来说欧洲大陆的男性珠宝更为繁复精致，所以18世纪90年代当英国旅行者看到法国男性和意大利男性还佩戴耳饰时都大吃一惊。

随着首饰的发展，非贵重材质例如玻璃和刻面钢在首饰上的设计与工艺都达到了很高的水平，甚至在宫廷首饰中都能看到它们的身影。玻璃通常像钻石那样被打磨出多个刻面，并单独被衬底镶嵌在白银底托上【图92】。早在17世纪70年代，伦敦的乔治·雷文斯克罗夫特（George Ravenscroft）尝试了一种加入氧化铅的含铅玻璃，这种玻璃硬度更高更适合打磨成刻面。而后乔治·弗雷德里克·斯特拉斯（Georges-Frederic Strass，1701—1773年）进一步改良了原有的材质，生产了耐久度更好的人造玻璃。1734年他被任命成为路易十五的珠宝商，他的名气之大使得法国玻璃从此被冠以斯特拉斯玻璃的名字。维也纳和波希米亚逐渐也开始生产玻璃，但巴黎仍是玻璃的主要生产中心。到了1767年，成为仿制宝石联合会（Bijoutier-Faussetiers）正式成员的珠宝匠人已经超过三百名。

玻璃在珠宝上的应用给了设计师更多自由发挥的空间，因为它可以完全像真钻石那样镶嵌排列并拥有更多的尺寸和形状可供选择，但成本却十分低廉。在玻璃中加入各种金属氧化物可以呈现不同的颜色，这样就可以用来仿制彩色宝石，例如在透明度中等、雾蒙蒙的蓝色非刻面玻璃背后垫上粉色衬底，可以模拟欧泊的效果【图92】。玻璃首饰套装极大程度为我们还原了当时珠宝的镶嵌方式。随着时尚的变迁，家族传承的贵重宝石通常会改款重镶，意味着18世纪钻石首饰很难完整保存，反而是玻璃首饰价格低廉，因此被拆分重新改款的概率大大降低，将当时首饰的原貌再次重现。

钢材被制成带有刻面的珠子、钉子或是镂空成扁平的亮片以及装饰性的长链也是当时的特色珠宝之一【图96】。这种被称为"刻面钢"的珠宝率先在英国出现，早在17世纪早期牛津附近的伍德斯托克（Woodstock）就已经开始生产这类珠宝。从18世纪60年代开始这一产业扩散到了伦敦、伯明翰和伍尔弗汉普顿（Wolverhampton），最终蔓延到了整个欧洲。大部分这类首饰都是将带刻面的钉子排列成特定图案，并且排布紧密让首饰的闪光更强。这些钉子通过铆钉或螺纹被固定在背板上，据推测这一固定技术并不是珠宝匠人发明的，而是从铁匠技艺发展而来。与之相对的，珠宝工匠们则发明了白铁矿首饰，将硫化铁晶体筒镶在珠宝上，也能达到类似的效果。这两种首饰都会结合其他材料，如贝覆珍珠、陶瓷和珐琅饰品，比如乔舒亚·韦奇伍德（Josiah Wedgwood）制作了一种特殊的陶瓷-碧玉细炻器卡梅奥【图96】。这种特殊的陶瓷与刻面钢的结合在当时格外成功，伯明翰的生产商马修·博尔顿（Matthew Boulton）是这种首饰最早的推广者。当时有一波亲英派人士，他们对于任何英国的东西都是喜爱，18世纪80年代这股风潮横扫了欧洲大陆时尚风潮。作为典型的英国本土产物刻面钢也因此在法国大革命后依然处于时尚中心，拿破仑的两任妻子都曾佩戴过刻面钢首饰。但从那之后英国生产商们开始面对越来越大的来自欧洲大陆的竞争，特别是那些法国竞争伙伴们。

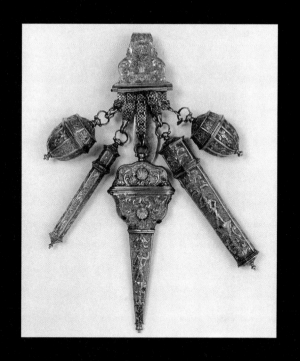

96

刻面钢制成的搭扣和纽扣，镶嵌着韦奇伍德的蓝色碧玉细炻器。这些首饰可能由伯明翰地区马修·博尔顿的作坊制作，约为1785—1795年。刻面钢和碧玉细炻器都是原产自英国的材料，18世纪后期也变成了欧洲大陆的潮流首饰。

97

佩链既有装饰效果又有实际功能。这件作品中间挂着剪刀盒，左侧挂着针盒，右侧则是小置物盒，左右两端还各有一个顶针，由金色黄铜制成，来自英国，约为1735年。

半宝石通常被用来制成白天佩戴的珠宝。石榴石在这个世纪大部分时间都相当受宠，它们被切成薄片，垫上衬底，镶嵌在黄金底托上，出现在18世纪50年代—60年代最可爱的花卉和丝带设计上。苔藓玛瑙（也被称为莫科石或摩卡石）因为表面类似蕨类植物的丝带而备受欢迎，它们被镶嵌在手镯、纽扣以及戒指上。蓬巴杜夫人收藏的四十多枚戒指中就有好几枚戒指的主石是苔藓玛瑙，周围点缀着钻石。其他戒指上还镶嵌了孔雀石、月光石、红玉（Carbuncle，未刻面的红色石榴石），这些宝石让不太正式的珠宝上增添了许多色彩。

18世纪女性白天佩戴的珠宝中最重要的一款是腰链，当时被称为"佩链equipage"。佩链最早指的是佩戴者在腰带上悬挂怀表和钥匙的链条，到了1720年前后它的装饰功能被充分开发，与此同时越来越多的组件也被加入进来【图97】。这类首饰由两部分组成，上方是一个钩在腰带上的一块或几块金属饰物，下沿则悬挂着一系列小组件，包括一只配对的怀表、一个印章、一个小置物盒（etui）（里面放着迷你工具，如引针、剪刀、铅笔、小型象牙书写板、折叠水果刀等），外观如同钥匙串，我们将这整件首饰称为佩链或腰链。金属饰物正面通常用铸造或雕镂工艺（chase）在黄金表面刻画出古典神话中的场景，到了18世纪70年代也有些金属饰物表面带有珐琅微绘。这一时期将雕镂和珐琅工艺结合得最好的匠人是瑞士人乔治·迈克·莫泽（George Michael Moser），他在伦敦制作了精美的佩链和手表盒。也有一些价格低廉的佩链用金色黄铜（pinchbeck）铸造而成，这种材料是一种金色的锌铜合金，大约在1732年前后被伦敦的一位制表师克里斯托弗·平齐贝克（Christopher Pinchbeck）所发明。另外还有佩链用血石、玛瑙等硬石雕刻而成，并被镶嵌在涡漩状的黄金底板上。到了18世纪末期，佩链的基本形制变得更为精细，出现了一种无钩佩链，被称为通心粉（macaroni）佩链。这种款式的佩链则是从佩戴者的腰带上悬挂几条细长的珐琅装饰的链条，末端连接着常用的配饰。为了平衡怀表的重量，通常在佩链另一头会挂一只表形置物盒或是一只怀表模型（faussemontre）。到了1800年，这种佩链开始逐渐退出流行。

鞋扣是另一种流传广泛的日间珠宝，男女皆可佩戴。它们大概在这个世纪初就已经取代了蕾丝和丝带在鞋子上出现，刚开始款式简单造型小巧。不久鞋扣的造型也越来越夸张，上面采用的材料也多种多样，如钻石、玻璃、刻面钢、蓝钢等，甚至还有上了黑漆的锡出现在用于哀悼场合的鞋扣上。鞋扣的尺寸也逐年递增，直到1770年前后，它们几乎覆盖了整个脚背。直到1790年搭扣都是潮流服饰中的重要组成部分。

卡梅奥（浮雕）作品是新古典风格首饰中一个重要的元素，这一风格的首饰中也有凹雕的作品，但没有浮雕效果那么打动人。英国的工匠和制造商们制作了卡梅奥的廉价替代品，如绘制有古典头像的比尔斯顿（Bilston）珐琅徽章、陶瓷和玻璃制成的卡梅奥仿制品，这些饰品在英国本地十分流行。18世纪70年代，乔舒亚·韦奇伍德用碧玉细炻器制成了一种独特的珠宝饰品【图

96】，这些陶瓷上的白色图案被蓝色背景衬托着，在当时红极一时，而后法国塞尔韦（Sérves）地区和德国麦森（Meissen）地区的工厂纷纷用硬质瓷器复刻了这种饰品。格拉斯哥的詹姆斯·泰西（James Tassie）和他的侄子威廉（William）则将玻璃制成浮雕作品。他们将古董首饰和当代首饰中著名雕刻作品的图案制成模具，利用模具铸造玻璃卡梅奥。他们提供图案各异的玻璃卡梅奥（1791年的时候罗列了超过15000种样品）以供选择。当时许多作品都被收藏专家抢购，这些藏家希望将其镶嵌在戒指上，其中也包括俄罗斯女沙皇叶卡捷琳娜大帝（Catherine the Great），她订购了一整套的玻璃卡梅奥。

18世纪哀悼戒指在英国逐渐开始形成固定的形制，1725—1750年，这些戒指大多为一个朴素的指环，装饰着五至六个涡漩纹，并且用黄金铭文刻着亡者的姓名、年纪和逝世时间。通过戒指表面的珐琅颜色可以判断死者的婚姻状况，通常已婚为黑色，未婚为白色。从1760年到1800年戒指上开始出现与葬礼相关的场景，如骨灰瓮、破碎的石柱、柳树、穿着古典服饰的哭泣少女等。这些图案通常用乌贼的墨汁画在象牙或皮纸上，通常还装点着小珍珠和发丝。而死者的姓名和去世的时间通常被雕刻在戒指的背面。这些戒指的款式非常独特，通常带有一个椭圆形或长方形的长戒面，几乎可以覆盖一整个指节。此外类似的哀悼图案也在胸针和盒式吊坠上出现。根据当时的习俗，死者的遗嘱中会专门留一部分钱用于购买这些有纪念意义的珠宝。

带有象牙微绘的戒指和盒式吊坠不仅仅可以作为哀悼珠宝使用，也可以作为爱情的象征，不过在这种情况下往往绘制的图案就变成了丘比特、白鸽、祭坛上燃烧着的爱心【图98】。这些首饰上还有一缕缠绕或卷曲的头发，被压在一块白水晶下方，周围则用半球形珍珠和珐琅勾勒边框。首饰上的造型也带有特殊的含义，如挂锁和钥匙的造型代表着打开佩戴者（或赠予者）心房的钥匙，而头尾相衔的蛇则表达了永恒和生生不息。微绘圆徽仍然是吊坠、戒指和手镯扣钩上的常客，剪影微绘（sihouette portrait）亦是如此，这种成本更低的装饰从18世纪70年代开始出现在首饰上。男性佩戴的爱情珠宝与女性一

98

与爱情相关的盒式吊坠，由黄金珐琅、玻璃和母贝制成：（上方）描绘着在喷泉饮水的一对白鸽，上方刻着"爱与友谊"（L'Amour et l'Amitié），带有巴黎珠宝商的印记，1797—1809年；（左边）微绘画上刻画了一个女人以及一只白鸽和一只鹤，由手镯扣钩改款制成，可能来自英国，18世纪晚期；（右边）描绘了一座圣坛，圣坛下方刻着"全心全意为你"（A Vous Dédié），画面上还有燃烧的爱心和衔着花篮的白鸽，法国，18世纪晚期；（下方）整体呈挂锁形，左右各有一个心形和钥匙形挂坠，代表打开某人心房的钥匙，英国，约为1800年。

样通常藏在衬衫下面或挂在怀表链上。一种微绘的神秘图案在18世纪80年代中期从法国开始流行，图案上只有一只精美的眼睛，这个符号被认为是微绘肖像的一个浓缩而风趣的变体，但究竟眼睛的主人是谁至今仍是一个谜。

戒指仍是情感珠宝中流传最为广泛的形式，代表着爱情的信息通过各种方式被展现在珠宝上。戒面上可能出现特殊的花押字母（rubuses），如"M MOI"是"aimesmoi"的缩写，意思是"爱我"；而"JM"则是"j'aime"的缩写，意思是"我爱"。人们仍然佩戴双环戒指，1785年威尔士亲王与菲茨赫伯特女士（Fitzherbert）结婚，就赠予新娘一枚双环戒指，在戒圈内侧刻着俩人的名字。用于结婚的戒指还有镶嵌钻石的满圈戒指、半圈戒指，包括宝石团簇镶嵌的戒指，戒面用宝石拼出戴着皇冠的两颗心的造型。

CHAPTER 6

第六章

帝国、历史决定
主义和折衷主义

18 世纪—19 世纪

1789年的法国大革命一度中断了法国珠宝佩戴和制造的传统，直到第一帝国成立，新古典主义风格（Neo-Classical）的珠宝再次复苏，才重新恢复法国珠宝首饰的荣光。除了大革命期间的短暂缺席，法国一直是欧洲的时尚风向标。尽管在1793年—1815年这段时间，英法政府关系紧张，但并无法阻挡英国人民对巴黎最新流行时尚的追捧。

法国的珠宝首饰在大革命之初受到了重创，因为它们往往是贵族和统治阶层的身份象征。当时的人们为了打破这些代表着阶级的符号，对珠宝首饰进行了肆意的破坏，在恐怖统治时期（Terror），仅仅是一对华丽的鞋扣就足以让拥有者上断头台了。出于这个原因，那些大革命的拥护者们，以及希望借机讨好革命群众的人都将自己的首饰主动上缴，而其他人则将珠宝作为便携式的财富藏匿起来，以备某一天逃亡时的不时之需。由于上述情况的存在，当时欧洲市场上充斥着来自法国的贵重珠宝，最终就连部分法国皇家御宝也逃离不了被拆解贩卖的命运，这一时期的珠宝价格也随之下滑。与此同时在法国市场上唯一能被接受的装饰物是那些纪念大革命的简陋饰品，部分用巴士底狱的石材和金属碎片制成。这些纪念饰品大部分只是简单的铁戒指，往往刻有爱国主义誓词来庆祝这一动荡的时期，或者印有革命英雄的半身像，如马拉（Marat）【图99】。

直到1797年，巴黎金匠公司（The Paris Company of Goldsmiths）再次开张，此时已距1791年停业过去了6个年头。随后其他路易十六统治期间的珠宝商也纷纷恢复营业。1798年法国领先于欧洲其他地区，率先从珠宝商采用了强制的金银纯度印记，将黄金纯度分为三个等级，分别是750、840和920（1000为100%纯度）。同时法国的珠宝首饰必须印有制造商的标记，这个烙印的标记包含制造者或出资人的首字母以及一个菱形的符号。最初一段时间，很多珠宝匠人都受到资金和原材料紧缺的影响，制造的珠宝相当有限，但逐渐地他们发展出了精巧轻盈的金工制品。此类首饰受到了传统法国农夫珠宝的极大启发，通常采用金银花丝、米粒珍珠和红玉髓等价格不那么高昂的宝石制作。这一时期出现的苏托尔长链（Sautoir，一种装饰性的长项链）通常像军事绶带那样斜挎着挂在肩膀，或者简单的环绕于颈部，被称为"泊萨尔德斯"（Poissardes）

99

大革命时期意识形态上被允许的珠宝：这些大批量制造的粗糙银饰是为了纪念革命英雄让·保罗·马拉（Jean Paul Marat）和圣法尔戈的路易斯·米歇尔·勒佩勒捷（Louis Michel Lepelletier de Saint Fargeau），俩人于1793年被谋杀。还有同类型其他款式的戒指用钢铁打造。

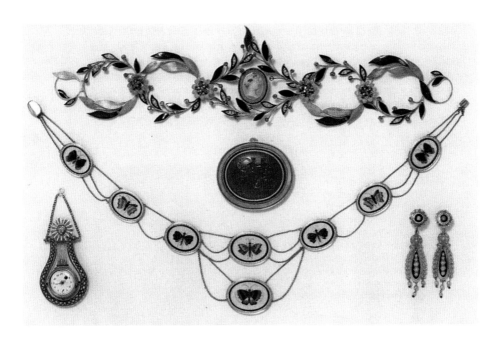

100

受新古典主义影响的珠宝作品：（上方）花环冠冕，黄金珐琅上镶嵌着玻璃卡梅奥、钻石和珍珠，几块部件通过铰链连接，约为1810年；（中间）一个简单的黄金吊坠，镶嵌了一块凹雕红玉髓，约为1807年；（正下）一条项链，由佛罗伦萨马赛克的饰板组成，约为1805年；（左下）一块怀表，外轮廓像古希腊的里拉琴，来自法国，约为1820年；（右下）一对由黄金、珐琅、珍珠、祖母绿组成的耳饰，大概来自法国，约为1798年。

的长条耳坠在当时也非常流行。

随着1804年拿破仑登基，法兰西第一帝国成立，巴黎的奢侈品交易再次兴起，不管是经营贵重宝石为主的珠宝商（joaillier），还是经营中档宝石为主的首饰商（bijoutier）生意都比之前有了很大改观。拿破仑和约瑟芬（Josephine）拥有前代法国国王遗留下来的皇室珠宝，并将其改款成新古典主义风格，以此暗示自己继承了古希腊和古罗马帝国的荣光，强调他们至高无上的帝王身份。同时他们也把佩戴奢华装饰品的习俗再次带回到宫廷生活，约瑟芬成为了当时的时尚领袖，也是多个珠宝公司的重要客户（1814年约瑟芬去世时，留下了总价值超过两百万法郎的珠宝收藏）。当时的流行服饰开始更强调优雅简约的线条，因此原来呆板制式的织锦服装被纯色、垂坠感更强的贴身服饰所取代，这一改变也为彩色宝石的繁荣提供了理想的背景。这一时期的珠宝并不刻意强调雍容华贵，而是以更清新的更精准的设计勾勒出精致与优雅，往往伴随着月桂树叶的花环以及一圈由标志性古希腊元素组成的几何图案【图101】。由于当时大部分古典首饰还未被发现，珠宝匠人们更多采用古典建筑中的图案作为首饰设计的基本元素。这一时期典型的首饰代表是珠宝套装或几件相互配搭的珠宝，套装通常包括一条项链、一对手镯、一对耳坠、一个腰带扣和头饰。其中头饰可多达四件：头梳、羽式冠冕（Tiara）、带式冠冕（Diadem）和头带（bandeau），既可单独佩戴也可以组合使用【图102】。套装里的珠宝可以用满钻镶嵌，但以一大颗单色宝石为主石，周边环绕镶嵌配钻的款式更为典型【图103】。1810年拿破仑二婚，前妻约瑟芬得以保有除御宝外的所有珠宝首饰，而他的第二任妻子玛丽·露易丝（Marie-Louise）则被赠予了全新的珠宝套装。这些作品包括钻石套装、珍珠套装、红宝石套装、蓝宝石套装、钻石和祖母绿套装，以及钻石和欧泊套装。

　　当时钻石的主要出产地依然是巴西，而切磨中心则位于阿姆斯特丹。这一时期玫瑰切工的地位开始逐渐下降，而明亮式切工的钻石则逐渐成为主流。它们通常被镶嵌在白银底托上，底托背面则采用黄金，防止白银与皮肤接触过多而导致颜色发黑光泽下降，而彩色宝石则用黄金镶嵌【图103】。1790年随着背面镂空的镶筒在首饰上应用，匠人们开始使用透底镶嵌提升宝石的闪亮程度。这种镶嵌用金属包裹住宝石的腰部或是最宽的位置，让光线可以从上至下最短距离穿透宝石，而镶筒在覆盖宝石腰部过程中，多余的金属则被叠成几个肋条状装饰环绕在宝石周边。更平滑的包边镶嵌（rub-over-setting）通常用于雕刻宝石，而那些不透明的宝石以及垫有衬底的玻璃则继续采用原来的封底镶嵌。随着1782年化学家拉瓦锡（Lavoisier）发现了熔化铂金的方法，这种坚硬的金属终于在1820年左右应用在手表链上。

101

拿破仑的妹妹宝林·博格斯公主（Pauline Borghese）的肖像画，由罗伯特·勒费夫尔（Robert Lefevre）绘制。她正佩戴着一套镶嵌有雕刻宝石和钻石的珠宝套装，包括头带和腰带，都具备很明显的古希腊元素。

102

一套法国珠宝套装，包含一把头梳、一条项链、一对手镯、一对耳饰、两枚胸针。这套作品来自第一帝国时期，其完整度十分罕见。

103

一条项链和一对耳饰，属于1806年丝黛芬妮·博阿内（Stephanie de Beauharnais，拿破仑的养女）结婚时，拿破仑送她的珠宝套装的一部分。宝石都透底镶嵌在金属上，祖母绿镶嵌在黄金上，钻石镶嵌在白银上，整条项链用金属搭扣固定。项链背后的两颗水滴形祖母绿于1820年前后添加上去。

101	
102	103

　　拿破仑在1804年登基时选择将卡梅奥镶嵌在皇冠上，隔年他还在法国建立了一所宝石雕刻学校。他对于宝石雕刻的热衷，一部分原因是宝石雕刻与古希腊和古罗马帝国之间众所周知的联系，另一个原因则是由于他对意大利地区的成功军事攻略（罗马正好是当时卡梅奥浮雕的切磨中心）。波拿巴家族的其他皇室成员同样也佩戴卡梅奥珠宝，通常与钻石一同镶嵌或是嵌在更简单的黄金珐琅上【图101】。约瑟芬拥有一顶黄金冠冕，上面镶嵌了一块巨大的贝壳卡梅奥，描绘着古典神话中的场景，玛丽·露易丝则有一个珠宝套装，上面镶嵌着来自法国皇室收藏中的二十四件古董卡梅奥作品。卡梅奥是当时最为流行的珠宝，1805年《女性周刊》（Journal des Dames）曾评论说卡梅奥应该被镶嵌在腰带、项链、手镯和冠冕上。大部分卡梅奥的材料选择贝壳而不是硬石，因为贝壳雕刻速度更快，价格也更为低廉，我们现在看到的其他低价替代品还包括比尔斯顿珐琅、韦奇伍德碧玉细炻器，以及人造玻璃【图96】。

　　拿破仑的两位皇后都拥有镶嵌着意大利微绘马赛克（micro-mosaic）的珠宝套装。这种首饰也是风靡全欧洲的珠宝之一，直到1870年仍十分流行【图106】。工匠们将不透明的玻璃细柱切成一块块微小的彩色薄片，然后用镊子将数百块玻璃小片排布在涂抹了乳胶或水泥的玻璃或黄铜底板上，并用彩蜡将玻璃小片间的缝隙填满，最后将整块马赛克饰板进行表面抛光，整个过程十分费时费力。马赛克上最常见的微绘图案包括古罗马的残垣断壁、花卉、鸟兽等。这些微绘马赛克的饰板通常在意大利制作，然后未经镶嵌出口到巴黎和伦敦，再在当地进行镶嵌。同期另一种流行的马赛克工艺称为佛罗伦萨马赛克（Florentine mosaic），用硬石（pietre dure）组成马赛克饰板，也以类似的方式镶嵌在首饰上【图100】。佛罗伦萨马赛克上的典型图案则是花朵和蝴蝶，由切成特定形状的彩色硬石薄片拼成，镶嵌在纯色的大理石背板上。在一个世纪内，这种工艺从意大利一直传播到德比郡（Derbyshire）、巴黎和圣彼得堡。除了马赛克之外，意大利在这段时间对于珠宝行业的另一贡献是珊瑚。它们通常产自那不勒斯和西西里，通常被雕刻成珠子或卡梅奥。

1804年开始普鲁士皇家铸铁厂（Royal Prussian Iron Foundry）生产的柏林铁（Berlin Iron）是19世纪早期德国珠宝中最有特征性的首饰材料【图107】。工人们在细沙中将钢铁铸造成古典式圆徽、哥特式窗格、树叶状饰品以及涡漩状饰品，然后将它们连接在一起，在表面喷上黑漆。由于这些首饰铸造工艺复杂精细，同时设计水准高超（建筑师卡尔·弗里德里希（karl Friedrich）也参与到部分作品的设计中），因此尽管选择钢铁作为原材料，但是整体价格依然十分高昂。柏林铁也是爱国主义首饰和纪念性珠宝中最受欢迎的首饰材料。在1812—1814年的普鲁士解放战争（Prussian War of Liberation）期间，政府鼓励女性将黄金饰品捐献为军费，并将钢铁饰品回馈给捐赠者（有时钢铁饰品上还刻着"我用黄金换钢铁"的字样，"Gold gab inh fur Eien"）。尽管

106

一套珠宝套装，由一位巴黎珠宝匠人制作，约为1825年。整套作品以黄金为底，用细丝工艺装饰，并且镶嵌着意大利微绘马赛克饰板，描绘了罗马的景色。这些饰品是当时大旅行非常流行的纪念品。

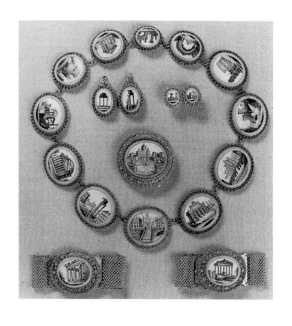

107

柏林铁手镯，由A.F.莱曼（A.F.Lehmann）制造，约为1820—1830年。作品的设计结合了哥特复兴后的建筑细节以及自然主义的蔓藤和树叶等图案。

108

一条1848年的头带，属于英国哥特复兴风格的建筑师A.W.N.皮金设计的珠宝套装，由黄金珐琅、珍珠、绿松石、钻石和一颗红宝石组成，并且带有"基督的十字架为我照亮前路"（Christ's cross is my light）的刻字。

到了1851年伦敦世博会期间这类首饰已经不再处于流行时尚的前沿，但仍有工厂还在继续生产这类珠宝，生产线一直扩散至奥地利、波希米亚、巴黎等多个地方。由于钢铁本身质地较脆，也容易生锈，因此仅有相对少量柏林铁首饰保存至今。

英国女性有时会佩戴华丽的钻石珠宝套装，但根据社会习俗这样瑰丽的套装只适合出席宫廷活动、正式接待或是盛大晚宴。当时英国肖像画流行描绘人物穿便装时的状态，甚至是人物在户外的样子，因此在画作上很少出现钻石首饰，而相对没那么正式的珠宝，如一串珍珠或是情感首饰则更为常见。根据习俗适合清晨拜访佩戴的首饰包括一块怀表、耳饰和金链，而镶嵌有石榴

石、海蓝宝、托帕石、苔藓玛瑙、欧泊、红玉髓和珊瑚雕刻珠子的珠宝则被认为更适合下午和傍晚佩戴。许多女性通常只拥有几件单品首饰或是部分套装珠宝，因为适合参加盛大场合所需的完整珠宝套装可以向大型珠宝商租借。

乔治王朝（Georgian Period）晚期，英国的珠宝交易开始从苏豪区转移至不那么中心的区域，如哈顿公园（Hatton Garden）和克勒肯维尔（Clerkenwell）。当时最著名的珠宝零售商是两家皇室珠宝商"布里奇和兰德尔"（Rundell，Bridge & Rundell）与"杰拉德"（Garrad's）【图111】。现存的账单和家庭记录让我们得知客人们会将自己的珠宝首饰送去珠宝店改成最流行的款式，他们不需要支付全额的费用，只需要支付新改首饰的镶嵌和材料费用与熔化的老金件的差价。通常工

109

一个小箱子里装着卡斯特拉尼制作的古罗马风格珠宝，是1862年萨伏伊公主玛利亚·皮亚（Princess Maria Pia of Savoy）与葡萄牙国王路易斯一世收到的礼物，由罗马市政府赠送。

110

普鲁士女王储弗雷德里克·威廉（Frederick William）的肖像画，由海因里希·冯·昂厄利（Heinrich von Angeli）1882年绘制。她佩戴了一条新文艺复兴风格的双层项链和吊坠。

匠会在正式制作珠宝的金银造型之前，先把宝石放置在蜡模上让客户确认款式。

从18世纪90年代至19世纪，用特定宝石的名称首字母拼出"藏头诗"珠宝，来表达感情或表示亲昵成为越来越普遍的形式，为了拼出想要的词组，一些颜色不太常见的宝石越来越多地混搭在珠宝首饰上。在英国最常见的宝石排列依次为红宝石（Ruby）、祖母绿（Emerald）、石榴石（Garnet）、紫水晶（Amethyst）、红宝石（Ruby）、钻石（Diamond），可以拼出"REGARD"，传达着"问候"。而青金石（Lapis lazuli）、欧泊（Opal）、棕红桂榴石（Vermeil）、祖母绿（Emerald）可以拼出"LOVE"，意味着"爱情"。这样的珠宝通常以戒指的形式出现，但同样的做法也可以拼出更长的个人信息，例如玛丽·露易丝1812年制作的三只手镯上用宝石记录了她的生日、拿破仑的生日以及她俩相遇和结婚的日期【图104】。从18世纪末期开始，因为素金戒指简单朴素，越来越多的人开始将其当作婚戒。为了防止婚戒掉落，佩戴时通常还会外面再佩戴一只有珐琅或宝石装饰的护戒。

这一时期出现了各式各样的珠宝头饰，包括冠冕、头带、珍珠串链或彩色宝石串链以及花形或箭形的头簪。冠冕从18世纪90年代至19世纪早期演化出别具一格的类型，成为人们的焦点，在英国也被叫作斯巴达冠冕（Spartan Diadem）【图112】；而1810年前后在法国又发展出了一种新的冠冕——冠式冠冕（tiara comb），在冠冕正中利用铆钉或铰链固定一个垂直的顶饰。另一种款式冠羽主要用于装饰头巾，当时更多的冠羽镶嵌彩色宝石，而不是钻石。与此同时装饰性的头梳也变得更为普及，成为日间佩戴的主要头饰，主要由玳瑁或金属制成【图102】。

111

一条项链，由黄金和白银镶嵌钻石制成。背后是来自布里奇&兰德尔公司的1806年的原始收据。收据上分别列出了宝石的成本（总共450英镑）以及镶嵌的成本（16160英镑）。

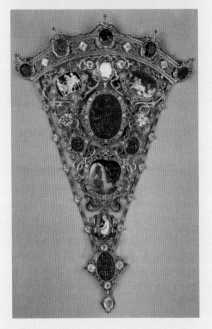

112

镶嵌钻石的斯巴达冠冕，结合了明亮式切割的钻石和多刻面水滴形切割（也被称为坠形切割）的钻石，中间镶嵌了一颗粉钻，来自俄罗斯，约为1810年。

113

来自德文郡套装中的V形胸饰，由伦敦汉考克公司于1856年制作。古董雕刻宝石被镶嵌在黄金珐琅上，复刻了伊丽莎白时期的珠宝上出现的场景。这种胸饰的款式是18世纪中期流行的款式，本身也是一种古董复兴。

此时项链的常规款式以简单的一圈贵重宝石或珍珠为主，通常在环绕项链一周都悬挂着各种不同的吊坠。1811年拿破仑的儿子罗马王诞生后，母亲玛丽·露易丝被赏赐了一条满钻项链，而约瑟芬在众多画像中都曾佩戴一条瑰丽的珍珠项链，外圈还悬挂着大颗水滴形珍珠吊坠。吊坠除了有简单的大颗宝石或珍珠外，还有中间为大颗彩宝主石、外面环绕小钻石的款式。另外由于弹簧金属扣钩的出现，早期用于固定项链与吊坠的金属圈或丝带被逐渐取代【图103】。

1814年与波旁王朝（Bourbon）复兴一起到来的是一段时间的经济拮据。巴普斯特在这一时期为皇室重新镶嵌了部分御宝，让这些御宝的款式与18世纪的珠宝风格更为接近，以此强调与前朝国王之间的联系。当时大多数人都没有资金购置钻石，就连宫廷珠宝也开始采用半宝石和更轻薄的黄金，希望通过精湛的工艺以相对合适的价格做出最夺人眼球的华丽效果。工匠们就算在首饰上用到钻石，也会在镶嵌时尽量把镶筒的边缘做得更宽一点，这样可以让钻石显得更大。

1815年左右大量的米粒珍珠被应用到珠宝上，它们通常被打孔后串在马鬃或真丝上，然后编织成蕾丝状的项链或是排布成花枝状镶嵌在贝母上。尽管打孔和串珠都费时费力，但是这些珍珠首饰价格并不算高昂。当时的花彩项链通常镶嵌了一系列的卡梅奥或马赛克饰板，并且由几条轻盈的长链精细地分布成优雅的弧形【图100】。19世纪20年代，巴黎市场出现了珍妮特（a la Jeannette）项链，前身可能是法国地区性的珠宝或是胡格诺派的洗礼珠宝。它们通常包括一条黑色丝绒带和一块心形的饰板，在心形饰板的下方还用丝带悬挂着一个黄金或金银花丝的十字架。

19世纪20年代到30年代欧洲各地的珠宝都五颜六色，各种撞色宝石被搭配在一起，产生了全新的色彩效果。通常镶嵌这些彩色宝石的底座做工也很细腻，要么使用花丝工艺（cannetille）将黄金编出涡漩状的细线覆盖表面，要么采用金珠工艺（grainti）将黄金熔成小颗粒进行装饰【图105、图106】。白天女士们会将好几个硕大且不成套的手镯同时佩戴在手臂上，多的时候从手肘到手腕可以排列五个手镯。这些手镯往往带有大型扣钩，扣钩上还装饰着宝石或是绘有图案。同样叠戴的还有戒指，人们将好几个镶嵌宝石或珐琅装饰的窄戒指同时戴在一个手指上。首饰上的自然主义元素仍然流行，如花卉、麦穗、蝴蝶或藤蔓等装饰一直持续到这个世纪的下半叶，另外巴洛克和洛可可风格也有一定程度的复兴。同时因为巴黎和伦敦经常举办盛大的化装舞会，中世纪和文艺复兴风格的珠宝也重新受到推崇。

这个世纪中期的重大考古发现对珠宝首饰的设计产生了深远的影响，使得许多已经失传的珠宝款式、装饰图案和制作工艺得以被人们所认识，也推动了全新的考古主义风格首

114

托马斯·劳伦斯爵士（Sir Thomas Laurence）于1827年绘制的Lady Peel的肖像画，她的左臂上佩戴着三只大型不匹配的手镯，一个手指上戴着多个戒指，都是当时流行的珠宝首饰。

饰的流行。当时真正的古董珠宝存世量很少，并且大多做工纤细、用金轻薄、较容易受损，因此并不时常被人佩戴，例如新发现的伊特鲁里亚时期古董珠宝曾在19世纪30年代被吕西安·波拿巴（Lucien Bonaparte）的妻子在罗马佩戴过。19世纪60年代考古主义珠宝的市场需求进一步增加，欧洲市场开始出现一些珠宝商以紧密地复刻古董珠宝或自由地借鉴古董元素而闻名于世。他们的作品在艺术圈赢得了很高的赞誉，随着人们开始进一步思考"古董风格珠宝需要哪些合适的搭配或最佳的元素"，人们开始渐渐在首饰上弃用贵重宝石和自然主义。

　　最有影响力的考古主义风格首饰的公司是罗马的卡斯特拉尼（Castellani）公司，成立于1814年，创始人是福图那托·皮奥·卡斯特拉尼（Fortunato Pio Castellani，1793—1865年），之后由他的两个儿子亚历山德罗（Alessandro，1824—1883年）和奥古斯托（Augusto，1829—1914年）继承公司【图109、图115】。卡斯特拉尼家族与当时知名的古董收藏家塞尔莫内塔公爵（Duke of Sermoneta）联系十分紧密，建立了深厚的友谊。在他们的共同努力下，他们积累了大量的伊特鲁里亚时期、古希腊时期和古罗马时期的黄金首饰收藏以供学习和研究。他们对于古董珠宝的了解与知识为他们在国际市场上赢得了古董珠宝收藏家和古董珠宝修缮师的美誉，而到了19世纪50年代每个目光敏锐的古董珠宝爱好者去罗马旅游的时候都会特意造访卡斯特拉尼的店铺，欣赏他们的藏品和作品。他们伦敦和巴黎分店的开张，以及他们1860年—1870年在欧洲和美国参加的国际展览也进一步增强了他们的国际形象和影响力。

　　出土自意大利和克里米亚地区的伊斯特鲁里亚时期和古希腊时期的珠宝极大地启发了卡斯特拉尼的作品。他在珠宝首饰上尽最大努力还原古董作品，某一些首饰可能采用了与古董珠宝完全一样的形制。与古董珠宝一样，卡斯特拉尼用錾花和冲压工艺装饰黄金饰品，并用金银花丝和金珠颗粒来点缀细节。尽管在多次尝试之后仍无法一模一样地复制伊特鲁里亚人的金珠工艺，但是卡斯

115
许多卡斯特拉尼制作的考古复兴珠宝都从幸存的古董珠宝上汲取灵感。这张图片上展示的项链和吊坠制作于1865年前后，与出土自克里米亚半岛古希腊城邦遗址中的公元前360年的古董非常相似。

特拉尼通过焊接达到了相似的装饰效果。他们典型的作品包括金丝编织的项链，边沿装饰玫瑰花结并悬垂着数个空心的细颈瓶状吊坠【图115】。卡斯特拉尼很少使用贵重宝石，而是用珐琅、卡梅奥或红玉髓制成的圣甲虫来增添首饰的颜色，另外还采用罗马式的重金镶嵌用于制作微绘马赛克（绘制早期基督教符号）、拜占庭马赛克和古董硬币的边框【图109】。

　　19世纪60年代早期其他地区也开始陆续出现考古主义珠宝。那不勒斯的珠宝匠人卡洛·朱利亚诺（Carlo Giuliano，1895年去世）早年应该接受过卡斯特拉尼的训练与指导，他在伦敦开设工作室，制作的珠宝首饰与卡斯特拉尼的作品在技术上和形态上都十分相似。1861年拿破仑三世（Napoleon III）为卢浮宫购置了坎帕纳收藏（Campana Collection），其中包含了1200件伊特鲁里亚时期、古希腊时期、古罗马时期的古董珠宝，这一举措大大促进了法国考古主义风格首饰的发展。尤金·丰特奈（Eugene Fontenay，1823—1887年）也擅长考古主义珠宝，但他的作品不那么强调历史还原度，采用了钻石和珐琅饰板，有时甚至将不同时期和地区的元素结合在同一件首饰上。1863年纽约的蒂芙尼（Tiffany）复刻了塞浦路斯风格的珠宝，与此同时位于维也纳的珠宝商"约瑟夫·巴彻和索恩"（Josef Bacher & Sohn）则开始为奥地利市场提供考古主义珠宝。

其他地区的文化也为这一时期的珠宝提供了很多灵感。19世纪40年代奥斯丁·亨利·莱亚德爵士（Sir Austen Henry Layard）发现了亚述文明的古迹，出土自尼尼微（Nineveh）古都宫殿里的雕塑和雕带被放置在伦敦的大英博物馆中展出，让亚述文明重新出现在大众视野内。1850年—1860年大量伦敦的珠宝商纷纷将亚述铭文的装饰元素复刻到手镯和胸针上。而亚述时期雕刻的圆柱形滑石印章偶尔会被直接应用到当时的珠宝

116

莱亚德夫人的珠宝套装，1869年由伦敦的菲利普公司制造，黄金上镶嵌了她丈夫考古发现的亚述时期的圆柱形印章。

117

哥特复兴风格的珠宝，这条项链由氧化白银、黄金和蓝色玻璃制成，描绘了参加十字军的战士正与心爱的女士告别的场景，由弗洛朗·莫赖斯在19世纪50年代早期制作；（上方）装饰怪兽的黄金胸针整体呈三叶草状，可能由朱莉·维塞于19世纪中期设计，由他的儿子路易·维塞制造，来自1890年之后；（下方）一件黄金珐琅吊坠，四叶草状的边框中间描绘了圣母玛利亚，由路易·维塞制作，来自1890年之后。

上，其中最华丽的一件作品来自于1869年莱亚德爵士委托菲利普（Phillips）订制的一套珠宝套装【图116】，是送给他妻子的生日礼物［文森特·帕尔马罗利（Vincente Palmaroli）绘制的肖像画中她正佩戴着这套珠宝，肖像画与珠宝套装一起现存于大英博物馆中］。随着19世纪60年代奥古斯特·玛丽特（Auguste Mariette）的考古发现以及1869年苏伊士运河的通航，古埃及的艺术再次得到人们关注。与法老相关的设计变得广为人知，根据珠宝匠人和作家亨利·费耶夫（Henri Vever，1853—1942年）的记载，几乎每个参加1867年巴黎世博会的制造商在他们的展品中都有埃及元素。

19世纪40年代晚期都柏林珠宝商推动的凯尔特风格珠宝，特别是8世纪—9世纪流行的大型环状胸针构成了考古主义珠宝的另一种风格。1850年人们在爱尔兰发现塔拉胸针，1851年世博会上G&S沃特豪斯（G&S Waterhouse）在塔拉胸针的原件旁边展示了他们铸造的复刻品，供爱好者购买【图38】。这些早期古董胸针的复刻品在当时很受欢迎，特别适合搭配大披肩佩戴。它们的

大小通常只有实物的三分之二，可旋转的固定针的应用以及对复杂部件的故意忽略和简化让这些胸针更为简单实用。

中世纪风格的珠宝首饰复兴最早于19世纪20年代出现在德国地区，柏林铁首饰上结合了哥特式建筑元素，如尖拱、四叶饰或尖叶式窗格【图107】。19世纪20年代克吕尼博物馆（musée de Cluny）的成立，将中世纪风引入到巴黎珠宝市场，随着19世纪40年代尤金·伊曼纽尔·维欧雷-勒-杜克（Engène-Emmanuel Viollet-le-Duc）对于哥特式教堂的修复进一步点燃了法国人对中世纪风格的兴趣。西奥菲勒斯（Theophilus）于12世纪编著的著作《De Diversis Artius》也在1840年前后被翻译成法文和英文出版，里面描述了中世纪匠人所采用的工艺细节。巴黎伟大的设计师弗朗索瓦·弗洛朗·莫赖斯（Francois-Désiré Froment-Meurice，1802—1855年）在他生命的最后十年间结合哥特元素设计了珠宝，这些作品让他享誉全欧洲【图117】。他不只从建筑装饰上获取素材，还结合了描绘中世纪的文学中出现的生动场景，诸如宫廷的爱情和圣徒的生平。材质上，他将氧化的黄金（用化学方式让黄金发暗）、白银和凿刻的钢铁结合在一起，并精准地将雕塑等比例缩小应用于珠宝，使得每件珠宝都立体感十足。 朱莉·维塞（Julie Wiése，1818—1890年）一开始与弗洛朗·莫赖斯合作一同制作中世纪风格珠宝，而在他的儿子路易·维塞（Louis Wiése，1852—1923年）的带领下这种历史风潮的珠宝一直延续到下个世纪【图117】。英国的哥特复兴珠宝中最令人印象深刻的作品来自于建筑设计师A.W.N.皮金（A.W.N.Pugin，1812—1852年）的设计，由约翰哈德曼有限公司（John Hardman & Co）生产制作【图108】。这些珠宝的典型特征是简单而强烈的装饰图案，如十字架、四叶草，同时用不透明的彩色珐琅填充颜色，并用彩色宝石和珍珠修饰边缘。大量皮金的作品与宗教相关，如主教戒指和十字架，皮金的世俗珠宝也很有名，其中有两套珠宝套装曾于世博会上展出。他的珠宝设计是建立在对于中世纪充分的学术研究上，尽可能将最合适的材料和工艺应用在首饰上。但由于与传统的流行时尚格格不入，因此仅有少数一些作品具备很强的影响力。建筑设计师威廉·伯吉斯（William Burges，1827—1881年）同样也设计出哥特式珠宝首饰。

1830年前后受到文艺复兴绘画的启发，一种用丝带佩戴于前额的首饰变得十分流行，它们被称为额饰（ferronniéres）【图58】。随着19世纪40年代人们更关注古董首饰的还原度，更大范围的新文艺复兴风格开始出现在市场上。弗洛朗·莫赖斯、卡斯特拉尼、朱利亚诺同样是这种风格的领军人物，朱利亚诺特别擅长使用精细的珐琅装饰设计伊丽莎白风格的珠宝首饰。到了19世纪70年代，巴黎的阿方索·富凯（Alphonse Fouquet，1828—1911年）在凿刻的黄金上镶嵌珐琅微绘的饰板，制作出个性十足的新文艺复兴风格珠宝。1845年法国塞佛尔地区（Sévres）专门成立了一家珐琅工作室生产这些珐琅饰板，而饰板本身也是对1500年前后出现的利摩日珐琅（Limoge enamel）的一种复兴。德国匠人基于严谨的研究制作出还原度极高的珠宝首饰，是这一地区新文艺复兴风格的主要特点【图110】。亚琛的雷因霍德·瓦斯特（Rainhold Vasters of Aachen，去世于1890年）是德国匠人精准工艺的典型代表，他不仅是文艺复兴风格珠宝的复刻者，同时也是修缮师。

　　在英国，取材于都铎王朝和文艺复兴时期的珠宝众多，其中最雄心勃勃的一件作品当属德文郡珠宝套装【图113】。这套珠宝是格兰维尔伯爵夫人（Countess of Granville，德文郡公爵侄子的妻子）为了参加沙皇亚历山大二世（Tsar Alexander II）的登基典礼，而于1856年委托C.F.汉考克（C.F.Hancock）特别订制的。这件套装上镶嵌了钻石和德文郡公爵收藏的古董雕刻宝石，黄金边框上装饰着彩色、对称的珐琅图案，致敬16世纪珠宝首饰的装饰风格。这种珐琅装饰逐渐成为了英国新文艺复兴风格珠宝的典型特征，也被称为霍尔拜因风格（Holbeinesque）。其实这个叫法的时间上略微有些出入，因为这种风格直到霍尔拜因死后半个世纪才开始出现。这种霍尔拜因风格广泛地修饰吊坠的外轮廓，直到19世纪80年代。

　　19世纪折衷主义的兴起让珠宝首饰的灵感不仅来自于过去的珠宝，还将可触及的异域文化作为设计的重要来源，借鉴了大量当时出版的图册，如1856年在伦敦出版的欧文·琼斯（Owen Jones）的《Grammar of Ornament》（《装饰法则》）。国际性的展览会也让大众有更多机会接触到欧洲流行风格和遥远大陆的艺术与创作，而参展商准备的作品图册也被当成是设计图录更广泛地传播了新的设计和想法。欧洲各国版图的扩张也进一步促使新兴元素在珠宝上出现：1830年法国征服了阿尔及利亚，使得北非珠宝首饰得到了更大的关注，甚至开始采用伊斯兰字母作为图案装饰在珠宝上；而大英帝国在印度的殖民活动也于1876年达到高潮，维多利亚女王被认定为印度女王，让印度风格的珠宝在英国流行开来。

　　在两个世纪的与世隔绝之后，日本于19世纪50年代再次现身西方世界视野。在1862年伦敦世博会上，日本第一次展示了他们当时独特的艺术与设计。日本人并没有太多制造和佩戴珠宝的习惯，但是他们应用在武器上的金属工艺和上釉工艺在当时受到极大的认可。日本剑的剑柄通常用黑色金属内嵌黄金、白银和赤铜，专注于这一领域的工匠开始逐渐将此技术应用于出口的珠宝。特别是1876年之后，由于日本政府禁止佩戴武士刀，更多的工匠开始转行。工匠们还将绘有风景画和花鸟画的饰板镶嵌在胸针和吊坠上。珠宝上还镶嵌着掐丝珐琅饰板，外销欧洲。这类商品最主要的进口商是伦敦公司亚瑟·拉森比·利伯蒂（Arthur Lasenby Liberty），他们于1875年在伦敦开设的门店帮助欧洲人认识了解日本风格的珠宝。

法国珠宝商吕西安·法莱兹（Lucien Falize，1839—1897年）在1862年受到日本展品的极大影响，到了1867年他和他的父亲亚力克西斯·法莱兹（Alexis Falize，1811—1898年）已经掌握了东方掐丝珐琅的技艺，并将其成功地应用于黄金饰品上【图118】。这些日本元素向西方的珠宝设计师们打开了全新的首饰设计大门，竹子、菊花、龙、仙鹤、扇子等典型的东方元素频频出现在西方首饰上。19世纪70年代伯明翰的珠宝制造厂已经能够在白银表面装饰不同颜色的K金，大规模生产"日本"珠宝了。通常黄金与赤铜的混合能够使K金颜色变红，锌让K金呈黄色，木炭铁让K金带灰色，白银根据不同的配比可以让K金变绿或变白。

当然考古主义和异域文化并不是珠宝设计灵感的唯一来源。19世纪的社会充斥着各种主义、各种想法、各种模式，设计师们将这些新的或旧的事物，如自然元素、好玩的商品、"纪念品珠宝"等根据自己的认知和理解结合在首饰上。就连早已约定俗成的制式珠宝，例如哀悼珠宝也悄然受到流行趋势的影响。

自然主义元素在这一时期广为流行，如花卉、蔓藤、蝴蝶、白鸽等，并且通常会根据习俗将不同花朵赋予特定的情感，如勿忘我花代表了真爱，而铃兰则象征着重拾快乐，蛇仍然是一个很常见且很有力量的设计元素，通常首尾相连代表了永恒。19世纪三四十年代，这些自然主题珠宝往往用黄金制成，镶嵌各种彩色宝石，其中绿松石是当时最时髦的宝石。而那些精致的蔓藤状项链则用黄金镂刻或珐琅工艺制成树叶，然后将雕刻的紫水晶或米粒珍珠聚集成簇，模拟一串串葡萄。1850年前后，大型的钻石胸花（胸部花形饰品）开始出现，通常用弹簧连接部分花朵，使花头随着佩戴者移步而晃动，俗称"颤抖花"【图120】。彩色K金被打造出喷绘的效果，有时镶嵌着彩色硬石、贝壳或象牙雕刻成的花朵和浆果【图119】。黄金通过不同工艺制造出各异的光泽，可以形成截然不同的修饰效果。如用镂刻工艺可以在黄金表面呈现凹凸不平的树皮，而用化学试剂轻微的浸渍可以让黄金表面变得亚光，用于装饰花卉的花瓣。

1865年前后有趣的新生事物为珠宝提供新的设计灵感，人们开始佩戴诸如坩埚、灯笼、独轮手推车、洒水壶等形状的珠宝。根据《英伦女性本土杂志》（The Englishwoman's Domestic Magazine）的报道，1875年在巴黎的美国女性佩戴的耳饰形状包括汽锅、尖塔、公交车等。动物主题的珠宝上也结合了新的场景，例如栖巢的小鸟、芦苇中的青蛙和昆虫等。在英国匠人们制作了背面凹雕的水晶，在半球状水晶的背面绘制并雕刻出图案，让观看者可以从正面欣赏到反绘的画面。在英国和法国运动珠宝也格外流行，通常装饰着狩猎、马蹄或鱼筐等图案。有时狩猎的战利品也会被成套地镶嵌在珠宝上，例如牡鹿的牙齿或狮子的爪子，以及南美洲甲壳虫带有虹彩的绿色外壳。

118

一条掐丝珐琅的黄金项链，由珠宝商法莱兹于1867年前后制作。项链上的设计图案取材于日本，而珐琅工艺则来自于中国。

119

一件自然主义胸针，展现了一只小鸟栖息在桃树的树枝上，由彩色的K金刻画出细腻的纹理，可能来自于英国或法国，约为1850年。

120

一件大型钻石"颤抖花"紧身胸衣饰品，上面出现了玫瑰、康乃馨和其他花朵，部分花朵用弹簧连接，可以随着佩戴者移步而微微颤动。这种首饰在世界范围内都很流行，这件可能来自英国，约为1850年。

纪念品珠宝的款式变化不大，但随着欧洲旅游变得更为便宜便捷，这类珠宝变得更为普及。游客们会带回当地特色珠宝，如意大利的纪念品珠宝上往往镶嵌着微马赛克或佛罗伦萨马赛克饰板、贝壳卡梅奥和珊瑚（浅粉色的那些最为稀有，价格最贵）。在庞贝你可以买到岩浆浮雕的卡梅奥作品，通常装饰着古典人像，背景呈卡其色、棕色或赤土色。其他典型的纪念品珠宝还有瑞士的珐琅，以及来自法国迪耶普（Dieppe）或德国黑森林的象牙雕刻件。

由于维多利亚女王对于苏格兰的格外钟情，当地首饰上特别流行浪漫主义元素【图121】。被称为卢肯布斯（Luckenbooth）的心形胸针长年来一直被经济地位较低的苏格兰人所佩戴，在这一时期演化出了更为精致的款式。更为典型的胸针是那些有着简单几何造型的款式，例如短剑形或毛皮袋形，这些形状的胸针今天依然存在，并镶嵌着当地特色石材，包括花岗岩、玛瑙以及烟晶（一种雾蒙蒙的黄色水晶）。到了19世纪60年代中期，烟晶逐渐被德国彩宝切割中心伊达尔奥伯施泰因（Idar-Oberstein）地区提供的巴西水晶所取代。随着苏格兰首饰的需求不断增加，不久之后大部分的"苏格兰"胸针就被转移到伯明翰的工厂中进行大批量生产。爱尔兰的纪念品珠宝主要是沼泽橡木（一种木材，长时间浸泡在泥炭沼泽中而变硬变黑）制成的圆塔、竖琴和三叶草。这些作品通常都由手工雕刻完成，尽管1852年之后有一种机器可以通过加热和加压在沼泽橡木表面印出各种图案，但是与手工雕刻相比机器印出的图形往往线条不够锋利鲜明。

在这个世纪里与死亡相关的习俗和礼仪发展得更为复杂与正统，亲人去世后的服丧时间也被规定的更为严格。19世纪60年代丈夫去世后，寡妇需要身着黑色的服饰至少一年，只能佩戴最少量的黑色亚光饰品，通常是未打磨的煤玉。随着时间推移，她逐渐可以佩戴稍微精致一点的镶嵌珠宝，而后是钻石和珍珠，最后才能恢复佩戴彩色宝石。有些寡妇追随着维多利亚女王的脚步，在丈夫去世后再也没有佩戴过明亮的珠宝。

头发作为特殊的珠宝元素一直伴随着哀悼珠宝和情感珠宝，通常要么被收藏在圆徽的夹层里，要么编成怀表链或手镯带。1851年世博会展示了一套珠宝套装，由头发编织的立体网格制成，形制上与传统珠宝并无两样。当时还发明了专门的机器用于编织头发，人们可以在家里看着说明书用编发机制作简单的发编珠宝。对于那些有顾虑订制发编首饰被商家用陌生人的头发替换的购买者，这种机器无疑是个福音。

煤玉是一种黑色的木材化石，是哀悼珠宝的理想材质【图122】。它们可以被轻易地雕刻出各种精美的图案，具备亚光或亮面的外观。而且煤玉的比重较轻，因此可以很舒适地佩戴大件的饰品（通常用于点缀当时从腰部向外鼓出的大摆裙）。由于煤玉首饰上装饰的图案和风格在数个世

121

苏格兰石英珠宝，在白银上镶嵌了各色的玛瑙、水晶；（从上至下）手镯，约为1855年；半环状的披风胸针，19世纪晚期；双头式围巾或披风别针，约为1845年。由于这类作品流行时间太久，因此很难断定具体的制作年份。

122

镶嵌煤玉的珠宝套装，制作于英国北部惠特比郡，约为1870—1885年。这类珠宝最流行的时期约为1850—1875年间，惠特比郡附近有多达1500人从事煤玉首饰制造工作。

纪中都大同小异，因此很难考据作品具体的年代。常见的煤玉首饰是珠串和硕大的环环相扣的链条，通常需要将环断开连接好后再粘合在一起。宗教主题的煤玉作品上可能会出现十字架、锚和心，代表着基督教的三种美德——信望爱；神圣的花押字母"IHS"也很典型，同时还有字母"AEI"，是希腊文字"永远"的缩写，代表着友谊亘古不变。某些煤玉珠宝会在款式和风格上借鉴镶嵌更多彩色宝石的珠宝首饰，例如镶嵌着一块卡梅奥的珠宝作品。

欧洲各地通过不同的工艺和材质生产了多种煤玉的仿制品。"法国煤玉"是一种玻璃制品（本身为暗红色，颜色浓郁，肉眼下呈黑色），常被粘在金属边框上，不光是法国，奥地利、波希米亚、德国和英格兰都有生产。还有一些假煤玉则由不同材料铸造而成，例如煤玉废料、黑色混凝纸（Papier Mache）、硬化木（bois durci，一种上色的粘合木屑）。还有硬质胶（vulcanite，将印度橡胶和硫黄加热制成）刚开始与煤玉外观非常接近，但时间久了之后会褪成卡其色。最早在哀悼珠宝以及彩色珠宝上开始使用塑料材质始于19世纪60年代。1855年帕克辛（Parkesine）先生为一种热塑性的硝化纤维溶液以他自己的名字申请了专利，这是第一种热塑性塑料。1871年美国海特（Hyatt）兄弟成立了美国赛璐珞公司（American Celluloid Company），研发了一种更为坚韧的塑料。而他们改进的铸模机能够大规模生产精巧、空心的立体塑料制品，使得廉价珠宝的生产制作得到了极大的推动。

19世纪新产地的发现和新技术的发明也极大地影响了传统珠宝材料的供应。以钻石为例，19世纪新产区的发现极大地提高了钻石的供应量，使得钻石的价格发生剧烈的波动。1843年在巴西边远地区发现的钻矿使得钻石价格下跌了三分之二，而1867年南非钻矿的发现使得钻石价格发生了更大程度的改变，充沛的蕴藏量使得南非成为全世界珠宝首饰上钻石的主要来源。而黄金的供应主要来自于三个新产区的发现：1848年的加利福尼亚，1851年的澳大利亚和1880年前后发现的南非。1860年人们在美国内华达州发现了之前一直从南美洲进口的白银，使得19世纪60年代和70年代白银的使用量明显增多【图123】。还有一种不太常见的材料也曾在珠宝首饰上昙花一现，那就是铝。铝既不会氧化发黑，又质地轻盈，非常适合做成饰品，并且由于1850年前后它的产量极少，因此价格非常高昂。但随着新的制铝工艺发展，铝的价格迅速下跌，不到十年就丧失它的尊贵地位。

19世纪中期科学和机械上的进步为珠宝制作带来了新的活力。19世纪40年代，对身体有害的水银镀金法（将水银和黄金的混合物一同加热直到水银挥发）被新出现的电镀法所取代。1859年注册专利的链条生产机据称一台机器就可以顶替70位工人，而且生产链条品质更为稳定。差不多同一时期预先构架好的镶筒开始在加工环节出现，提高了宝石镶嵌的效率。而保险栓和固定装置领域的专利也使珠宝行业产生了很大的变化，其中最明显的大概是19世纪60年代开始耳饰开始，出现耳夹或用螺旋固定的款式，使得没有扎耳洞的女性也可以佩戴耳饰。除此之外蒸汽动力在冲印机器上的应用也很关键，使得工厂可以快速冲压出一件珠宝的基本轮廓和表面细节，进一步提升大规模生产珠宝的效率。

1842年英国开始实施专利保护法，制作商可以保护自己发明的新技术或新设计，免于受到竞争对手的抄袭。商家在专利办公室注册完自己的设计后，便可以在作品上印上菱形的标记，里面包含公司的编号和注册的时间。尽管这一记号并不强制要求被印在首饰上，但许多生产廉价珠宝的公司都采用了这一体系。拜它所赐，我们今天可以精确地识别某些珠宝首饰的生产商信息以及设计出现的具体时间；如果没有这个标记，也许这些珠宝对我们来说就只能是匿名的物件了。

直到19世纪中期，几乎所有西方的珠宝都在欧洲大陆设计生产。现在新大陆也开始生产自己的珠宝首饰，特别是美国和澳大利亚。在美国，这个世纪中叶之前人们几乎很少佩戴珠宝。小件首饰，如纽扣和搭

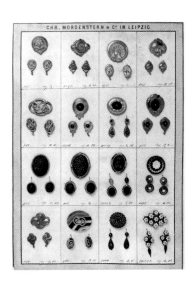

123

来比特城的摩根斯坦有限公司（Morgenstern & Co）为国际展览会准备的时尚珠宝样品图，约为1865—1870年。这些成本较低的时装首饰在新的蒸汽动力冲压机器的帮助下，在全世界范围内大规模生产。

124

一件澳大利亚的"金矿"胸针，约为1855年。胸针正中的人正转动绞盘，周边还有鹤嘴锄、铲子、洗矿槽、左轮手枪和其他一些工具。

扣主要由聚集在波士顿和普罗维登斯（Providence）的当地工匠生产打造，但绝大多数仍然从欧洲进口。1837年蒂芙尼在纽约成立，最早的名字是"蒂芙尼&杨"（Tiffany & Young），一开始只售卖国外进口的货品。1845年蒂芙尼的第一份产品目录中宣传了各式各样的商品，包括来自伦敦、巴黎和罗马的头饰以及仿制金链子。自1848年起，蒂芙尼开始生产自己的黄金首饰；并且由于当时巴黎政治局势不稳导致钻石珠宝价格下跌，他们从巴黎购置了大量的钻石珠宝，蒂芙尼迅速在国际市场获得重要性，19世纪70年代分别在巴黎、伦敦和日内瓦开设了分店，并且频繁参与重要的国际展览会。

这个世纪早期珠宝在澳大利亚还是少数人能够负担的奢侈品。只有个别被遣送过来的欧洲人在当地开设了珠宝工作室，例如费迪南德·缪兰特（Ferdinand Meurant）因为诈骗爱尔兰银行而在1800年后被遣送至澳大利亚。这个时期前叶就算是少数销售的珠宝也几乎都从欧洲进口，或者是二手珠宝。但随着19世纪五六十年代在澳大利亚发现了金矿，以及之后随之而来的淘金热吸引了许多欧洲的珠宝匠人到澳大利亚主要城市定居，这一情况得到了改变。珠宝上的澳大利亚场景，特别是与开矿相关的元素是当地珠宝的一大特色。"金矿"胸针通常刻画了矿工的开矿工具，是其中最有代表性的首饰之一【图124】。这些首饰上还出现了澳洲特色动物考拉和鸸鹋，而檀香木的种子和洋槐木则很好地反映了维多利亚时期人们对于植物学的热爱。而更华丽和正式的珠宝仍然从欧洲进口。

CHAPTER 7

第七章

美好年代、新艺术运动、工艺美术运动

19 世纪末—20 世纪初

　　从1900年开始珠宝首饰的风格大致可以被概括为三个分支。第一，对于经济实力最强的贵族和富人，特别是那些欧洲宫廷的贵人们而言，他们佩戴的珠宝材质上依然以奢华的钻石为主，款式上从原先的新文艺复兴慢慢转向更为轻盈的路易十六和第一帝国时期的珠宝风格。第二，在欧洲艺术家和先锋派的圈层中被称为新艺术（Art Nouveau）风格的珠宝正在兴起，这一风格采用彩色宝石与珐琅搭配创造出形制更为自由多变的珠宝。第三，在英国传统手工艺的复兴带来了对工业化的抵制。工艺美术运动（Arts and Crafts）时期的设计师们拒绝用传统的眼光看待材质与工艺，他们采用半宝石和珐琅将珠宝打造的手工质感更强，与机械化产物进行区分。全欧洲的珠宝匠人们从这三个分支中汲取不同元素，共同创造了跨国界的珠宝首饰风格。大部分人不再一味追求贵重首饰材料，而是出于彩色和肌理的考量将半宝石和非贵重材质结合在珠宝上。1900年的巴黎世博会标志着这段彩色与优雅时期的高潮，在这期间引领时尚的风格几乎没有改变地一直延续到1914年第一次世界大战爆发的前夕。

由于钻石和珍珠被大量应用在首饰上，这一时期的优质珠宝几乎都以白色为主。南非钻矿的高效产出使得钻石价格变得更为亲民，到了19世纪80年代晚期南非供应了欧洲市场百分之九十以上的钻石（尽管1899—1902年由于布尔战争的原因，供应链被一度打断）。镶嵌的底托一开始以白色K金为主，而后铂金的占比逐渐升高。两种贵金属不仅材质上更适合用于镶嵌钻石，还展现出了以前白银镶嵌所不具备的力量感和冲击力。

这一时期最典型的首饰就是精致的花环风格珠宝，以巴黎珠宝商卡地亚（Cartier）的设计为典型代表【图126】。这些珠宝从路易十六和玛丽·安东瓦内特时期的首饰中获取灵感（早年的首饰图书也被再次印刷流传），最具特征性的设计有月桂叶、丝带蝴蝶结、流苏和蛛网状的格子或蕾丝等图案。花环风格珠宝以精准和典雅著称，线条通常流畅浮动但不失节制，并用大量钻石的聚集带来视觉的冲击。有时彩色宝石也会出现在首饰上，通常是橄榄石，据说是英国国王爱德华七世（Edward VII）最爱的宝石，以及紫水晶。在欧洲和美国最富有阶层中流行的钻石珠宝风格大同小异，相对而言巴黎更钟爱珠宝上的各种植物造型。到了1910年，一种线条感更强、并且镶嵌更为规整的珠宝首饰开始出现。在卡地亚、宝狮龙（Boucheron）、梵克雅宝（Van Cleef & Arpels）等极具创意的珠宝设计师的推动下，这些珠宝开辟了新的风格，成为装饰艺术（Art Deco）风格的起源。

19世纪末期女性紧身胸衣上布满了小型胸针作为装饰，甚至连头发上也遍布着不同款式的胸针。大型的胸花饰品，如具有18世纪风格的V形胸饰和窗帘状胸饰（swag），从领口一直垂坠到腰间，是正式晚宴服饰的重要组成部分【图125】。1910年前后，新潮设计师波列（Poiret）和福图尼（Fortuny）

125

杰伊·古尔德（Jay Gould）女士，美
国百万富翁的妻子，身着时髦的紧身
胸针，佩戴1900年前后典型的"白色"
正式珠宝。她佩戴了一顶冠冕、一条
项圈式贴颈项链、镶嵌钻石和珍珠的
紧身胸衣饰品，以及多串珍珠项链。

126

一条路易十六时期风格的钻石网状项
链，卡地亚1904年为亚历山德拉王后
制作。

所设计的服饰线条更为大胆外放，通常会搭配两个不对称的简约胸针，中间连接的钻石串微微弯曲，或者佩戴一个大型的胸针（也可以将其佩戴在头巾或穆斯林头巾上）。珠宝头饰仍是欧洲与北美宫廷和社会服饰中必不可少的组成部分，通常以冠冕为主，但也有更为轻盈的冠羽或头带。大部分冠冕都被设计成了多用款，通常整个冠冕可以拆组为项链，有些部分还可以单独拆下来作为吊坠在非正式场合佩戴。耳饰出现的相对较少，偶尔出现也以单颗宝石镶嵌或少量宝石团簇的简单款式为主。

亚历山德拉王后（Alexandra）为了遮盖自己颈部的小伤疤而佩戴了宽大的贴颈项链，无意间使之成为19世纪与20世纪交会时期最时尚的珠宝首饰【图126】。这种项链最大的特点就是像项圈那样紧贴脖子。贴颈项链有好几种款式，有些由单独的珠宝饰板通过黑色丝带连接组成，有些则是用铰链扣将金属饰板组合在一起，还有一些中间是一块饰板，两侧搭配着多串珍珠链。网状项链（résille necklace）继续佩戴在脖子下方，用钻石排列出精致的窗花图案覆盖低领服饰露出的肌肤【图126】。随着服装风格更为外放大胆，1910年前后更长的项链开始出现，如拉瓦利埃长项链（lavalliére）通常由两条互相重叠的钻石长链组成，每条长链下方都悬挂着一枚细长的珠宝吊坠。有时人们也将简单的长串珍珠或琥珀珠串作为项链使用。

珍珠仍然是人们佩戴的最为时尚同时也是最为昂贵的珠宝之一。尽管这一时期有很多漂亮的仿制珍珠，但是日本的御木本·幸吉（Kokichi Mikimoto）从19世纪90年代起对于人工养殖珍珠的大胆尝试对后世产生了更为重大的影响。他发明的养殖技术，将一颗小珠核植入母贝，养殖一段时间后，珠核的外层会被珍珠质所覆盖，与天然珍珠外层的质地一模一样。珍珠长项链的价格因此而下降，大颗天然珍珠的稀有度和价值也一并受到了冲击。

这一时期欧洲传统贵族发现自己所继承的财富正不断流失，与之相对的新兴的实业家和金融家正在不断累积资产，他们成为了欧洲和美国珠宝消费市场的主力军。他们不但购置新款珠宝，同时也对古董珠宝很感兴趣：1895年，美国的一位女继承人康斯萝·范德比尔特（Consuelo Vanderbilt）在她与马尔堡公爵（Duke of Marlborough）的婚礼上佩戴的珍珠曾经的主人就是叶卡捷琳娜大帝和欧仁妮皇后（Empress Eungénie）。许多美国富商都选择在巴黎购置珠宝，另一方面纽约的蒂芙尼公司已经成长为最具国际知名度和影响力的美国珠宝公司。

蒂芙尼公司在1887年的拍卖会上购置了大量法国御宝收藏中的古董宝石，之后慢慢镶嵌在他们自己的作品上。与此同时他们也一直在探索和发现美国本土的宝石资源，1900年巴黎世博会上，他们获得金奖的那枚鸢尾花胸针上就镶嵌了来自美国蒙大拿州的蓝宝石。蒂芙尼的珐琅工艺同样值得称道，制作了非常高品质的珐琅首饰，其中有一件模拟濒危兰花的自然主义风格作品同样也在1900年世博会上进行了展出。他们对于戒指的贡献则来自于1886年为单钻戒指设计的蒂芙尼镶嵌（Tiffany Setting）【图127】。这种镶嵌用一圈较长的爪子将钻石托到戒圈之上，使得更多的光线得以进入宝石，让钻石整体更为闪亮。这种镶嵌至今仍是全世界大部分地区的钻戒上最标准的镶嵌方式。

这一时期最重要的宫廷珠宝商当属俄罗斯公司法贝热（Fabergé）【图128、图136】。1870年皮特·卡尔·法贝热（Peter Carl Fabergé，1846—1920年）继承了父亲在圣彼得堡的公司，自此法贝热的知名度在俄罗斯稳步上升，逐渐让竞争对手博林（Bolin）和科奇利（Kochli）相形失色，获得了不断增加的皇室订单。法贝热最著名的珠宝是每年复活节为皇室提供的复活节彩蛋（Easter Eggs），自1885年起一直供应到1917年俄国革命。在此期间，法贝热逐渐成为全世界最大的珠宝公司，聚集了大量的珠宝设计师和珠宝工匠。法贝热在保证了极高的品质监控同时，也鼓励公司内部匠人们的个性与天赋，允许他们将自己姓名的首字母刻在公司标记（通常是用古斯拉夫字母拼写的FABERGE）的旁边。奥古斯特·霍姆斯特姆（August Holmstrom）和他的儿子阿尔伯特·霍姆斯特姆（Albert Holmstrom），以及埃里克·科林（Erik Kollin）、阿尔弗雷德·蒂勒曼（Alfred Thielemann）便是其中的翘楚。

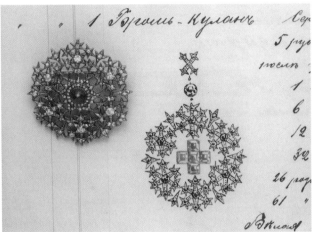

法贝热的作品从多个历史时期汲取创作灵感，其中最主要的是18世纪，来自这一时期的花环、蝴蝶结、雕刻硬石和彩色K金在法贝热首饰中持续亮相。与此同时，有些作品的设计也预示着未来首饰的流行风格，特别是装饰艺术风格。至今流传下来的许多迷你蛋形吊坠是当时的复活节礼物，可以多个一起佩戴在长项链上。法贝热首饰中最异想天开的创意是将钻石和白水晶做了绝妙的搭配，呈现一种冰雪结霜的感觉，让人想起俄罗斯漫长的冬季【图128、图136】。

法贝热的工坊中制作的钻石首饰巧夺天工，但是他们大量的作品上也应用了那些成本较低、不太传统的宝石，例如星光蓝宝石、月光石和麦加石（mecca-stone，一种蓝玉髓，通常用粉色衬底提色）。透光的珐琅是法贝热的独门绝技之一，可以烧制将近一百五十种

127
1886年蒂芙尼设计的蒂芙尼镶嵌。这种镶嵌将钻石托起，高于戒圈，使得更多光线得以进入钻石，而早年镶嵌的钻石都有部分嵌入戒圈下方。

128
法贝热的雪花胸针，铂金底座中间镶嵌了一颗弧面形红宝石，旁边搭配钻石。这枚雪花胸针与1914年1月制作的另一枚胸针出现在霍姆斯特姆（Holmstrom）的库存簿的同一页。而另一枚胸针中间红宝石拼成的十字架，象征着沙皇皇后参加的红十字会，在1914年一战爆发后由法贝热负责打造。

不同的颜色。法贝热既有黄金首饰也有铂金首饰，但由于当时俄国并没有对铂金首饰要求标记，因此不少这样的作品已经无法辨认出身了。

新艺术风格运动让珠宝变得令人惊叹的细腻与精美，在1900年巴黎世博会上发展到了顶峰【图129—图132】。新艺术的名字源于萨穆尔·齐格弗里德·宾（Samuel Siegfried Bing）在巴黎开设的先锋派商店"新艺术之家"（La Maison de l'Art Nouveau）。它的影响力遍及欧洲和美国，当时艺术装饰的图案出现了更多夸张旋转的线条和优雅的圆润造型。感官欲望是这一风格发展的主要动力，浪漫的梦境、举世疲惫的忧郁，以及不受人类掌控的野性力量都被结合在自然景象中展示在新艺术作品中。世纪末巴黎的颓废、符号主义者对于异域文化和神秘色彩的过度解读使得珠宝首饰上偶尔透露出泥泞且毛骨悚然的气息。

新艺术时期最伟大的珠宝匠人当数法国人勒内·莱利（René Lalique，1860—1945年）。Calouste Gulbenkian很早就开始收藏莱利的珠宝，到了1895年就已经聚集了145件主要作品。1900年莱利在巴黎世博会上被授予了头等奖，进一步提高了他的国际知名度和影响力。接下去数十年，他以极强的独创性和巧夺天工的工艺创作了大量珠宝，通过这些作品展示了大自然的美丽与残酷并存的矛盾性。他的作品很好地诠释了珠宝首饰的价值来自于设计师的灵感与工匠的手艺，而不仅仅是宝石的品质与大小。莱利的许多件作品都以非贵重材料作为主石，例如牛角和玻璃。在他手下的珠宝既有钻石密集拼凑出的静态花朵，也有黄金珐琅、彩色宝石、不透明玻璃和牛角制成的流动且吹弹可破的糖果蜜饯，这些植物造型千变万化。莱利对于颜色和纹理的深刻理解与他对自然的近距离观察结合在一起，赋予了他的作品不受物理形态拘束的灵动与魅力。昆虫是另一种主要的设计来源，黄金珐琅制成娇小的豆娘、蜻蜓和黄蜂，项链上的蚱蜢也是常见的形态【图129】。玻璃已经是莱利很多珠宝上重要的组成材料，之后更是逐渐成为了他的最爱。1910年，他购买了一家玻璃工坊，几乎彻底离开了金工行业。

新艺术风格首饰的一个重要特征就是成熟繁复的珐琅工艺。其中镂空珐琅（plique-a-jour）最令人印象深刻，这是一种非常困难的工艺，需要在没有金属背板的情况下，将珐琅填充于珠宝镂空部位产生一种彩色玻璃的观感【图137】。这种工艺最成功的实践者之一是欧仁·费伊拉特（Eugéne Feuillatre，1870—1916年），他在建立自己的珠宝工坊之前曾为莱利工作。在布鲁塞尔菲利普·沃尔夫斯（Philippe Wolfers，1858—1929年）在19世纪与20世纪交替之际创作了一系列新艺术风格珠宝，他的镂空珐琅也达到了相似的高度【图137】。

牛角是另一种非常有特色的材质。它们通常被漂白至浅蜂蜜色，然后雕刻成各种不同形状的装饰品。头梳是最常见的款式，往往还装点着花卉、美国梧桐的种子以及蝴蝶等造型。吕西安·盖拉德（Lucien Gaillard，1861—1933年）雇佣日本手工匠人制作了许多精美的牛角头梳。这些头梳上的彩色花瓣中间还用钻石装点着雄蕊【图130】。

129

勒内·莱利的黄蜂领针，由黄金、珐琅、欧泊和钻石制成，曾在1900年巴黎世博会展出。莱利兼具艺术审美和精湛工艺，使得他的作品总能引人无限遐想。

130

一把牛角头梳，整件作品宽度达到14.7厘米（将近6英寸），由染色牛角和钻石制成，顶部装饰有盛开的日本温柏花，约为1900—1905年，由吕西安·盖拉德制作。盖拉德是制作装饰性牛角头梳的大师。

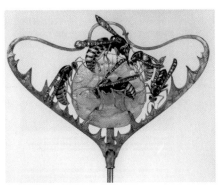

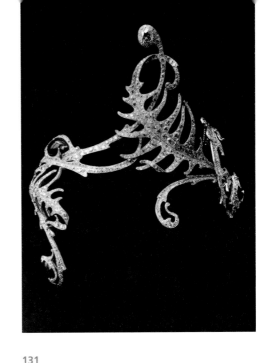

一顶钻石镶嵌的蕨形冠冕，曾被亨利·费耶夫带到1900年巴黎世博会展出。整件作品的外形如蕨类植物般弯曲，将新艺术风格典型的流动线条发挥到极致。

与莱利同时期的珠宝设计师当中梅森·费耶夫（Maison Vever）的辨识度很高，他的作品也摘得了1900年巴黎世博会头等奖。他与莱利的不同在于对待高品质贵重宝石的态度以及传统宝石镶嵌工艺的应用。费耶夫的特点是将贵重宝石和传统镶嵌更悄无声息地与新艺术风格的形制融合在一起。在亨利·费耶夫（Henri Vever，1854—1942年）极富创造力的指引下，密集镶嵌的钻石创造出瑰丽的植物造型。同样还有造型抽象的珐琅珠宝，部分由艺术家欧仁·格拉塞（Eugéne Grasset，1845—1917年）设计【图131】。亨利·费耶夫的学术研究《十九世纪法国珠宝匠人》（La Bijouterie francaise au XIXe siècle）为法国19世纪珠宝首饰留下了一份无价的记录。

乔治·富凯（Georges Fouquet，1862—1957年）1895年接手了他父亲建立的公司。捷克画家阿尔丰斯·穆夏（Alphonse Mucha，1860—1939年）为富凯创立了一家与众不同的新艺术风格商店，同时也时不时设计一些珠宝，其中最著名的是1899年为女演员萨拉·本恩哈特（Sarah Bernhardt）设计的蛇形手镯，手镯前部还用珠宝链与戒指连接【图132】。这家店铺1899年—1914年中出产的作品大多由查尔斯·德鲁西耶（Charles Derosiers）设计。德鲁西耶特别擅长典雅的花卉图案，不过他的作品上也曾出现过假想的怪兽，那种弯曲的形态是新艺术风格的典型。富凯的珐琅匠人，特别是艾蒂安·图雷特（Etienne Tourette）将镂空珐琅上升到了新的高度，他将金箔和银箔贴在珐琅背面作为衬底，创造出更为闪亮的效果。

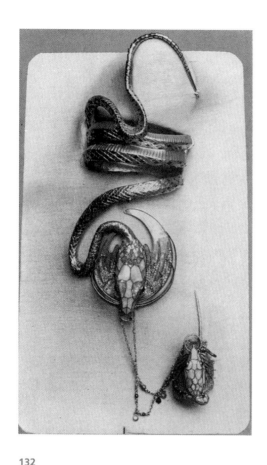

132

萨拉·本恩哈特的珠宝作品，1899年由珠宝匠人乔治·富凯和艺术家阿尔丰斯·穆夏合力完成。这件作品分为两部分，蛇形手镯和前方的戒指通过细链连接，用黄金、钻石、红宝石和欧泊马赛克制成。

这一时期来自全世界各地的珠宝制造工厂齐聚巴黎世博会，被新艺术风格珠宝深深吸引。因此在1900年之后许多公司采用白银薄片大规模生产新艺术风格的首饰，如昂格尔兄弟公司（Unger Brothers）、纽瓦克的威廉·科尔公司（William Kerr of Newark），以及新泽西公司（New Jersey）。就连时尚珠宝的生产中心波希米亚的亚布洛内茨（Gablonz，现在捷克共和国的雅布罗尼克）也被新艺术风格所洗礼。巴黎的皮埃尔兄弟（Piel Frères）制作的新艺术风格珠宝品质精良且价格适中深得人心。这种艺术性珠宝变得越来越普及，但这种大众化的趋势也让新艺术风格珠宝逐渐退出流行，因为顶尖的设计师们开始寻求新的表达方式。

19世纪70年代末期前拉斐尔派画家（Pre-Raphaelite）对于美学服饰和艺术珠宝的概念开始在英国逐渐影响流行时尚。他们对于非常规材质和手工工艺的欣赏与下一代人推动的工艺美术运动不谋而合。工艺美术运动不仅是在珠宝设计上发生改革与创新，更是致力于唤起对于独立手工艺人身份的认同，在威廉·莫里斯（William Morris）和约翰·罗金斯（John Ruskin）所阐述的这个运动正是对机械化和大规模生产的回应。工艺美术风格包含了许多个人化风格，其中最为典型的特征包括手工捶打的金属表面、质地较软的弧面彩色宝石、珐琅工艺和前工业化时代的浪漫情怀。艺术工作者协会（Art and Worker Guild）是工艺美术运动的中心，艺术家们通过工艺美术展览协会（Arts and Crafts Exhibition Society）展示和销售自己的作品。会员有艺术爱好者，也包括经验丰富的珠宝匠人。工艺美术风格首饰中最有趣的一些作品是由建筑设计师设计的，如C.R.阿什比（C.R.Ashbee，1863—1942年），亨利·威尔逊（Henry Wilson，1864—1934年），约翰·保罗·库珀（John Paul Cooper，1869—1933年）【图139、图133】。雕塑家阿尔弗雷德·吉尔伯特爵士（Sir Alfred Gilbert，1854—1934年）则用宽松盘旋的白银细丝和玻璃制成了极具创造力的首饰【图140】。

　　1888年阿什比创立的手工艺人协会（Guild of Handicraft）是众多协会中将罗金斯的理念执行的最严格和彻底的，也对英国和欧洲大陆的珠宝首饰产生了很大的影响。最初协会设立在伦敦东区，阿什比利用自己翻译的切利尼的手稿将金工技巧教授给这一区域的年轻人。他们都没有经过正式的训练或商业熏陶。一开始他们只能制作简单的银质胸针和扣钩，并用弯曲的线条和简朴的彩色珐琅饰板进行修饰。随着他们的技艺日趋成熟，他们开始在黄金珐琅上镶嵌珍珠母贝和宝石，制成更复杂的首饰。这些精美的珠宝通常装饰着阿什比最喜欢的孔雀或航船等元素【图139】。这些做工精湛的装饰元素也会用非传统的方式组装成其他珠宝。1902年协会搬迁至格洛斯特郡（Gloucestershire）的祁坪凯姆敦小镇（Chipping Camden），并于1908年停止营业。从利伯蒂公司（Liberty）用机器模仿生产手工风格的首饰才能成功占领市场，印证了手工艺人协会对于英国珠宝的影响。协会的国际影响力也十分显著，维也纳的建筑师约瑟夫·霍夫曼（Josef Hoffmann）将其作为维也纳工作室（Wiener Werkstatte）的典范。

　　亨利·威尔逊自1890年前后开始他的珠宝生涯。他的作品特色是浓郁的

颜色和丰富的形制，常将明亮的珐琅色块和柔软的弧面形宝石镶嵌在造型精致的底托上【图133】。威尔逊曾与珐琅匠人亚历山大·费舍尔（Alexander Fisher，1864—1936年）有过一段时间的合作。费舍尔在珐琅上的造诣享誉全球，他在授课中传达的讲义和在《工作室》（Studio）杂志上刊登的文章推动了珐琅绘画的再次复兴【图140】。威尔逊的工坊中还培训出约翰·保罗·库珀这样的人才，这样的联系也让俩人作品的风格与色彩有许多相似之处，细看之下我们不难发现，库珀通常会在叶子和花卉外围添加标识性的黄金轮廓。威尔逊和库珀都是言传身教的好老师，通过他们的努力，工艺美术的精神在下一代学生中传承。

　　同样以珐琅首饰闻名的还有纳尔逊·道森（Nelson Dawson，1864—1939年）和伊迪丝·道森（Edith Dawson，1862—1928年）夫妇，两人于1901年创立了技工协会（Artificer's Guild）【图140】。纳尔逊曾师从费舍尔，但他的妻子伊迪丝才真正让他掌握绘制色彩浓郁、造型独特的珐琅饰板的秘诀。这些饰板通常绘有花卉或昆虫。另一组重要的夫妻档是来自伯明翰的亚瑟·加斯金（Arthur Gaskin，1862—1928年）和乔吉·凯夫加斯金（Georgie

亨利·威尔逊打造的冠冕，黄金珐琅的底座上镶嵌了白水晶、月光石、珍珠、星光蓝宝石和红宝石，约为1909。冠冕背面的小卡槽专门用于放置鸵鸟羽毛，这是当时宫廷礼仪的要求。这件作品是为数不多的英国工艺美术时期的正式珠宝。

Cave Gaskin，1869—1934年）【图140】。他们从1899年开始共同合作，乔吉负责首饰设计，亚瑟操刀珐琅烧制，其他工序则两人共同分担或交给助手完成。俩人制作的精美项链上密布着小叶子、小花和小鸟，直到20世纪20年代仍在出产。

苏格兰工艺美术运动的发展轨迹与英国相比略有不同，它们受到新艺术风格和欧洲大陆符号主义画家的深刻影响。爱丁堡的艺术手工匠人菲比·特拉奎尔（Phoebe Traquair，1852—1936年）用透光的珐琅绘制了美人鱼、丘比特和天使，并在珐琅的层与层中间加入金箔或银箔作为衬底【图140】。亚伯丁郡（Aberdeen）的詹姆斯·克罗玛·瓦特（James Cromar Watt，1862—1936年）用同样的技法描绘了更抽象的自然主义图案。当时格拉斯哥艺术学校和查尔斯·伦尼·麦金托什（Charles Rennie Mackintosh，1868—1928年）的圈子里出现了一种特立独行的珠宝风格。麦金托什仅留下了一两幅此类珠宝的草图，和他同类型的作品也有幸存，如当时也是艺术学校老师的彼得·怀利·戴维森（Peter Wylie Davidson）的作品，而另一位杰西·M·金（Jessie M.King，1876—1949年）的设计则提供给伦敦利伯蒂公司制成了实物。

利伯蒂公司为工艺美术风格的发扬光大做了很大的贡献。1899年他们成立了"威尔士专题"项目，在艺术上和经济上都获得了极大的成功【图134】。公司雇佣杰出的手工艺人（名单从未被泄露）提供优秀的设计，并委托伯明翰的黑斯勒公司（Haselers）用机器完成加工生产，降低匠人们手工制造的成本。尽管利伯蒂公司也有部分奢华的黄金珠宝由手工打造，但更常见的做法是在白银首饰上冲压出类似手工捶打的标记，尽量掩饰大批量生产的痕迹。这类珠宝上最常见的装饰是凯尔特叠纹和抽象的植物造型，通常在弯曲的白银网格上用珐琅绘制。最普遍的宝石有绿松石、欧泊、月光石，有时也会用到贝覆珍珠，都需要手工镶嵌。但与传统的筒镶不同，这些宝石被打孔后固定

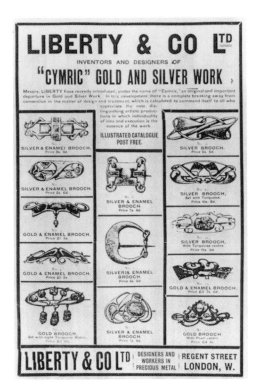

134

1902年利伯蒂公司推出的威尔士胸针的广告。这些胸针设计出手工打造的外观，实则为机器生产。它们为工艺美术风格的珠宝做了很大推广，每件胸针的价格不超过6先令。

在白银的突起处，使得宝石们好像从金属表面蔓延出来，显得更为修长。

1899年—1912年，阿奇博尔德·诺克斯（Archibald Knox，1864—1933年）为威尔士主题珠宝提供了大量的设计图纸，创造了这个项目的辉煌。作为马恩岛人（Manxman），他自己有一半凯尔特血统。他将凯尔特叠纹细腻优雅地运用在他的设计中，成为这一时期利伯蒂首饰的一个重要特征。而他在技术方面的深厚功底也让他能成功创造出适合机器生产的设计。其他主要的设计师还包括杰西·M·金和白银工作室（Sliver Studio）的雷克斯·斯利弗（Rex Sliver，1879—1965年）。

维也纳工作室制作了大部分20世纪早期的奥地利前卫首饰【图135、图138】。这类首饰带有法国新艺术风格的优雅线条，但同时也受到了奥地利艺术家联盟（Austrian Secession）和启蒙的现代主义的影响。工作室成立于1903年，由约瑟夫·霍夫曼（Josef Hoffmann，1870—1956年）和科洛曼·莫泽（Koloman Moser，1868—1918年）组建，银行家弗里茨·瓦恩多费尔（Fritz Warndorfer）出资赞助，目的是拓展当代设计的多面性。与阿什比的手工艺人协会一样，维也纳工作室偏好彩色半

135

建筑师和设计师约瑟夫·霍夫曼设计的胸针，他是维也纳工作室的联合创始人。整件作品用白银打造，镶嵌了孔雀石和苔藓玛瑙，约为1910—1911年。

136

一枚"冰块"吊坠，铂金底座上镶嵌白水晶和钻石。1913年12月23日，这件作品以60英镑的价格采购自法贝热伦敦分店。

宝石，每件作品都出自手工打造。不同的是他们只雇佣有经验的手工匠人，因此成品效果往往更为专业。霍夫曼和莫泽用简单的几何图形或是抽象的叶饰构建了一种线条感的极简主义装饰【图135】。1905年卡尔·奥托·西兹契卡（Carl Otto Czeschka，1878—1960年）加入工作室，制作了更为密集绚丽的首饰【图138】。1915年达戈贝特·佩赫（Dagobert Peche，1887—1923年）的到来，更进一步推动了这个趋势。这个时期工作室开始将象牙雕刻的饰板镶嵌在胸针或项链上。尽管佩赫丰富多彩且生机勃勃的设计与创始设计师的风格截然相反，却是20世纪20年代工作室的主流风格。随着1926年财务出现问题，维也纳工作室也被破产管理，最终在1932年停止营业。

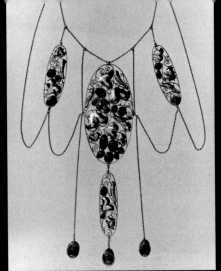

在德国，手工艺理念和新艺术风格出现于19世纪末，慕尼黑、达姆施塔特、魏玛（Weimar）和柏林的独立工坊是这些新风格的主要推动者。1899年黑森大公恩斯特·路德维希（Ernst Ludwig）在达姆施塔特为了引进艺术家和手工艺人专门建立了住宅和作坊，成为了当时著名的艺术家聚集地。在这些艺术家中参与珠宝设计的有建筑师彼得·贝伦斯（Peter Behrens，1869—1940年）和约瑟夫·奥尔布里奇（Josef Olbrich，1867—1909年）；有些设计师如帕特里兹·胡贝尔（Patriz Huber，1878—1902年）不仅制作一样一件的手工制品，还为普福尔茨海姆（Pforzheim）的重要制造商特奥多尔·法尔纳（Theodor Fahrner）提供首饰设计。魏玛艺术学校的校长、比利时建筑师亨利·范·德·费尔德（Henry van de Velde，1863—1957年）也曾设计过首饰，整体呈流动的线条感，具备新艺术风格的典型特征。

137

新艺术风格珠宝利用珐琅工艺呈现出细腻的颜色。（上方）一件难度很高的镂空珐琅吊坠，镶嵌着钻石和橄榄石，描绘了一位在森林中的女性，带有"荷西·德孔"（José Descomps）的标记，来自法国，约为1900年；（左边）菲利普·沃尔夫斯制作的兰花头饰，镶嵌着红宝石和钻石，来自1902年；（右下方）一枚孔雀吊坠，镶嵌着钻石、欧泊、祖母绿，并且带有"L.高卢"（L. Gautrait）的标记，来自巴黎，约为1900年。

138

一条项链，由维也纳工作室的卡尔·奥托·西兹契卡设计，共有四个椭圆形吊坠通过细链串成，约为1905年。吊坠上的小鸟和叶子由黄金和欧泊制成，另有网状纹路点缀在两者之间。

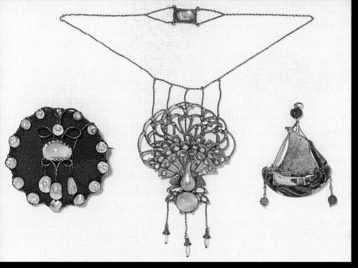

139

C.R.阿什比设计的珠宝，由手工艺人协会制作：（左边）一件铜质胸针，装饰着珐琅、银丝和贝覆珍珠，约为1896年；（中间）一条项链上挂着孔雀吊坠，由黄金、白银和贝覆珍珠制成，孔雀的眼睛由钻石粉末和一颗翠榴石构成；（右边）船形吊坠，由黄金珐琅、欧泊、钻石粉末和碧玺构成。

140

工艺美术风格珠宝：（上方）一条加斯金夫妇制作的项链，具备他们珠宝的典型风格，由白银、钻石、欧泊和托帕石制成，约为1910年；（中间）一条带有珐琅饰板的项链，由菲比·特拉奎尔制作，约为1905年；（中下）一枚道森夫妇制作的吊坠，用珐琅绘制了鸢尾花，并在底部悬挂着欧泊和紫水晶，约为1900年；（左下）雕塑家阿尔弗雷德·吉尔伯特制作的吊坠，在盘旋的白银丝线中间镶嵌玻璃；（右下）亚历山大·费舍尔的吊坠，钢铁边框中间有一枚珐琅饰板，约为1895年。

在20世纪初的早些年，丹麦珠宝设计的水平得到显著的提升，它的风格明显残留着欧洲其他地区珠宝首饰的痕迹，但也具备着独一无二的斯堪的纳维亚特色。通过1899年阿什比的展览以及1900年丹麦装饰艺术美术馆新采购的莱利和其他新艺术风格设计师的作品，哥本哈根也可以感受到英国和法国珠宝的最新潮流。这种新式丹麦珠宝由一小群艺术家、建筑师和手工艺人所引领，被称为"美学作品"（skonvirke）。通过金属超强的延展性，这些珠宝具备非常独特的外观，一个个抽象的圆环造型是它们的标志性特征。白银是更受欢迎的材质，通常金属表面用高凸浮雕和捶打印记进行装饰。丹麦珠宝上几乎没有出现珐琅，而是采用弧面形半宝石增加首饰的色彩。

19世纪90年代晚期建筑师托瓦尔·宾德斯博尔（Thorvald Bindesboll，1846—1908年）创作了最早的"审美作品"设计稿。传统工坊发现这些流动的线条与他们常接触的首饰风格迥异，因此很难制作出实物。到了1904年，他与银匠霍尔格·凯斯特（Holger Kyster，1872—1944年）合作，成功地制作出了实物。1900年艺术家莫恩斯·巴林（Mogens Ballin，1871—1914年）建立了自己的工作室，用白银、赤铜、黄铜和锡镴制成液体般流转的首饰，通常镶嵌半宝石，如青金石、紫水晶、琥珀和玛瑙。大多数作品的设计都是由巴林自己或是雕塑家齐格弗里德·瓦格纳（Siegfried Wagner，1874—1952年）完成。最著名的丹麦珠宝匠人乔治·延森（Georg Jensen，1866—1935年）最初接受过金工和雕塑培训，并且在巴林的工坊中度过了两年的形成期【图142】。1904年延森创立了自己的工作室，并逐渐积累了国际名望。延森大部分的作品都由他亲自设计，同时他也雇佣了经验丰富的制图人和艺术家负责相似的款式，他们的贡献一直被公司所认同。专注于"美学作品"风格首饰的丹麦珠宝匠人中最为多产的是埃瓦尔德·尼尔森（Evald Nielsen，1879—1958年），他1907年建立了自己的工作室。

美国的工艺美术运动和新艺术运动与欧洲一样蓬勃发展。这一时期最精致的珠宝来自于路易斯·康福特·蒂芙尼（Louis Comfort Tiffany，1848—

141

路易斯·康福特·蒂芙尼的项链，由黄金、欧泊、马赛克、紫水晶、蓝宝石、翠榴石、红宝石和祖母绿制成，约为1905年。

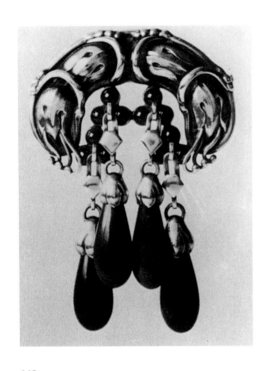

142

一件手工捶打制成的白银胸针，镶嵌着各种半宝石，1906年由哥本哈根的乔治·延森设计。

1933年）的作品【图141】。他是蒂芙尼公司创始人的儿子，人称法夫赖尔（Favrile）的彩虹玻璃和明艳的彩色玻璃窗是他赖以成名的根本。1902年—1907年他在蒂芙尼窑炉工厂雇佣了自己的手工艺人朱莉娅·芒森（Julia Munson）制造了优质的珐琅，而他为人称道的玻璃匠人则贡献了大量瑰丽的彩色珠串。蒂芙尼的珠宝更多采用黄金而非白银，同时按照工艺美术纯手工锻造金属，可以制成不规则外形，然后再用艳丽的珐琅和丰富的彩色宝石装饰，整体呈现浓厚的异域风情。总体来说，蒂芙尼早期作品以亮丽的颜色和丰富的自然主义元素为特征，后期开始逐渐转变为更拘谨和对称的造型。从1907年开始，蒂芙尼先生的作品在蒂芙尼工坊当中制作，并通过纽约总部大楼中新成立的"艺术珠宝"部门进行销售。

CHAPTER 8

第八章

装饰艺术时期到
20世纪50年代

1910 年—1950 年代

　　早在20世纪10年代装饰艺术典型的直线造型就已经开始慢慢出现，但第一次世界大战与第二次世界大战的间隙时期让装饰艺术风格发展到了顶峰。1918年第一次世界大战结束之后，富人阶层又重新回到奢靡的生活中，但整个社会的心态已经悄悄地发生了改变，更抽象且几何造型更明显的设计开始浮现。价格高昂的刻面宝石重新成为珠宝首饰上的主角，在五颜六色的半宝石如绿松石、珊瑚的衬托下更好地营造了一种异域风情，而前几十年流行的细腻的珐琅工艺则慢慢淡出流行。随着1925年巴黎世界博览会（Paris Exposition Internationale）选择"装饰艺术与现代工业"（Arts Décoratifs et Industriels Modernes）作为大会主题，这种原先略显僵硬的风格最终被称为装饰艺术（Art Deco）。

当时许多方面的因素共同造就了装饰艺术风格，包括立体主义画家采用的几何与抽象，以及奥地利艺术家联盟崇尚的直线造型。1909年狄亚格列夫（Diaghilev）的俄罗斯芭蕾舞团（Ballet Russes）在巴黎演出，戏服中采用了大量夸张的色彩彰显异域风情。1922年法老图坦卡蒙墓葬的发现，激发设计师采用埃及元素，以及来自印度和中东地区的造型。随着科学技术的地位日渐提升，简单的棱线形和圆柱形图案常被结合在一起，互相重叠组合后的首饰外观常与机器的零件十分相似。珠宝首饰原来的微小细节被大胆的造型、光亮的表面和遍布的宝石所取代，表层的装饰也尽量做到极简，以确保一种"功能性"的感官。

高度发达的巴黎珠宝首饰行业再次成为这种新风格的领路人，不少巴黎的珠宝商在伦敦和纽约都有分店，可以更直接对国际珠宝市场产生影响。巴黎珠宝匠人具备了制作装饰艺术风格珠宝的两个必不可少的技能：挑选宝石的精益求精以及镶嵌宝石的完美无瑕，而最终出自他们之手的珠宝成品也是石材和工艺的最美组合相得益彰。一战前的珠宝为了搭配更整齐、更宽松、更短的服饰潮流，已经开始出现装饰艺术风格的雏形，最终这种转变让装饰艺术风格的珠宝整体呈现优雅垂坠的线条。长项链一直垂坠到身前较低处，通常还配有一只精美的珠宝吊坠，长耳饰则与流行的短发配合的天衣无缝。无袖的服饰以及不再佩戴晚宴手套的习惯也让手镯的佩戴变得更为普及，那些由宝石镶嵌的几何饰板连接在一起的手镯直到二战爆发前仍很受欢迎。胸针的形状大多不大，通常被佩戴在肩窝或别在帽子、皮带上。胸针最典型的造型是一个缟玛瑙或水晶装饰的圆环位于中间，两侧铺满钻石呈菱形或长条状向外发散；其他造型还有抽象的大树和彩色的花篮【图146】。20世纪20年代中期黑色与白色的搭配成了最时髦的组合，因此黑色缟玛瑙的市场需求巨大【图146】。有些黑色缟玛瑙是玛瑙处理后的产物，将玛瑙浸泡在糖溶液中，然后倒入硫酸加热，可以使之颜色变黑。同时那些颜色对撞强烈的宝石材质，如玉石、珊瑚、绿松石、青金石等经常被混搭在一起【图143】。

143

吕西安·希尔茨（Lucien Hirtz）为1925年巴黎装饰艺术博览会设计的紧身胸衣饰品，由青金石、玉石、珊瑚和缟玛瑙拼成马赛克图案；原版的边框上镶嵌钻石，这件复刻品则镶嵌了玻璃。绿松石吊坠和后方的丝绸流苏是后期添加上去的。

20世纪20年代的戒指通常都以一大颗弧面形宝石作为主石，周围镶一圈明亮式切工或是近期出现的长方形梯方式切工（Baguette，也被称为长阶梯式或法棍式）的钻石。铂金是婚戒的首选，往往与铂金单粒钻戒的订婚戒指一起佩戴。除此之外，1924年卡地亚推出的三色金（Trinity）戒指也常被作为婚戒。三色金戒指的三个圈环连锁相扣。圈环分别由铿亮的红色、金色和白色的K金制成。镶嵌单颗祖母绿切工钻石的戒指是1925年前后的典型款式。

20世纪20年代卡地亚将顶级的宝石、精美的设计、严格的质控完美地结合在一起，创造了这一时期最精美的珠宝首饰。此时卡地亚三兄弟——路易斯（Louis，1875—1942年）、皮埃尔（Pierre，1878—1978年）和雅克（Jacques，1884—1942年）分别管理巴黎、纽约和伦敦的店铺；而贞·杜桑（Jeanne Toussaint，1887—1978年）在巴黎卡地亚工作直至20世纪50年代末，设计了绝大部分卡地亚的经典作品【图144】。他们和其他坐落在宁静街（Rue de la Paix）和旺多姆广场（Place Vendome）的时尚公司，如宝狮龙、梵克雅宝、莫布森（Mauboussin）共同开创了带有异国他乡色彩的珠宝首饰。

为了模拟印度莫卧儿风格的珠宝，工匠们往往采用不规则形状的祖母绿，简单抛光后串成项链。通常还会搭配一块硕大的吊坠，中间镶嵌雕刻的祖母绿或白水晶，旁边用钻石点缀边框。祖母绿、蓝宝石、红宝石还被雕刻成树叶或花卉，排布在一起组成胸针；或者将它们紧密排布在钻石枝干上做成手镯或项链，这种首饰的灵感来自于印度的"生命之树"【图148】。20世纪20年代中期珠宝商们开始采用中国元素，把翡翠雕刻件结合在首饰上【图146】。翡翠通常被钻石边框或缟玛瑙拼成的几何条带所包围，或是被镶嵌在长耳坠下方。与这些精致的作品形成明显反差的是人们对于非洲珠宝的狂热，特别是象牙或上釉的木材制成的镯子。约瑟芬·贝克（Josephine Baker）的《黑人滑稽喜剧》（Revue Négre），以及1922年马赛（Marseilles）和1931年巴黎举办的殖民地展览会（Colonial Exhibition）共同推动了非洲首饰的流行。

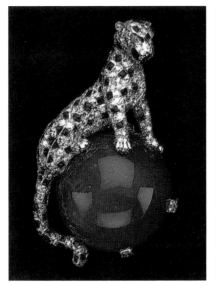

有些公司专门模仿昂贵材质制成的珠宝首饰的款式，制成自己的时尚首饰。德国普福尔茨海姆的特奥多尔·法赫尔公司（Theodor Fahrner）在白铁矿饰板上镶嵌大量的彩色半宝石或玻璃，拼接成抽象的几何造型的首饰。酚醛树脂的制造专利于1907年出现，这种新式的塑料被制成明亮的珠串和镯子，或是加入镀铬元素制成项链。20世纪20年代和30年代普福尔茨海姆的汉高&格罗斯公司（Henkel & Grosse）拿到了一白色碱合金的生产专利，名为"类铂"（platinin）。他们在这种新的金属表面镶嵌酚醛树脂制造时尚首饰。法国这一领域最重要的公司是梅森·奥古斯特·博纳兹公司（Maison Auguste Bonaz），位于法瑞边界附近的奥依诺克斯（Oynonax）。这一地区原来主要生产各种头梳，但由于短发开始流行，因此他们转型开始彩色赛璐珞制作时尚首饰。

144

卡地亚豹形珠宝，最早可追溯到1915年的一件平面的几何豹子。那件作品的表面装点了钻石和黑色缟玛瑙，最终演化成立体的兽形豹子。这一系列珠宝的设计由贞·杜桑负责，她的昵称就是豹子。这枚胸针是1949年为温莎公爵夫人订制的，铺镶的钻石和蓝宝石构成豹子的表面，黄色彩钻则组成豹子的眼睛，而这只豹子正优雅地蹲坐在一块巨大的弧形蓝宝石上。

145

在英国工艺美术风格仍然十分强势。西比尔·邓禄普的作品以多彩的宝石搭配组合而闻名。这件胸针在银质底座上镶嵌了欧泊、碧玺、月光石、蓝宝石、黄水晶和紫水晶，约为1925年。

146

1930 年前的装饰艺术风格珠宝：（左边）
一件吊坠式胸针，下方部件的边框镶嵌钻石
呈中式窗格的形态，中间用雕刻宝石拼成一
棵装饰树的形态，来自法国，约为 1925 年；
（右上）一件早年的菱形胸针，用铂金制成，
镶嵌钻石和黑色缟玛瑙，制作于巴黎，约为
1912 年；（右下）一枚柏树胸针，由铂金
和白金制成，镶嵌钻石、黑色缟玛瑙和祖母
绿，约为 1927 年。

147

1930—1940 年的钻石胸针：（左上）一枚
胸针，镶嵌了雕刻成花卉的彩色宝石以及半
圈梯方式切工的钻石，下方还点缀了两颗水
滴形蓝宝石，来自法国，约为 1930 年；（右上）
一枚胸针，镶嵌了明亮式和梯方式切工的钻
石以及弧面形的祖母绿，同时可以作为吊坠
佩戴，来自法国，约为 1930—1940 年；（中间）
一枚树状胸针，镶嵌有钻石、红宝石、祖母
绿和蓝宝石，带有奥斯特塔格（Ostertag）
的标记，来自法国，约为 1930—1940 年；（左
下）一枚双夹式胸针，镶嵌明亮式和梯方式
切工的钻石，整件大胸针可以被拆分成两个
对称的小胸针；（右下）一件胸针，明亮式
和梯方式切工的钻石，由伦敦卡地亚制作，
约为 1940 年。

148

一条项链和一对耳饰，镶嵌了雕刻的祖母绿、
红宝石、蓝宝石，以及明亮式切工的钻石。
整件作品的设计灵感来自于印度元素"生命
之树"。1936 年卡地亚为美国名媛黛西·费
洛韦斯订制。

20世纪20年代，莱利设计的高品质玻璃首饰被大规模量产。工匠们将玻璃铸造成颜色艳丽的戒指，而一颗颗用模具塑形的大小一致的玻璃则被串成精巧的手镯或项链。胸针和袖口则是将模塑的玻璃饰板镶嵌在素金边框上，有时可能会用彩色衬底来提升整体的颜色。这些玻璃首饰的设计风格既有典型的抽象的装饰艺术风格，也有莱利早年在新艺术时期珠宝当中的自然主义风格。加布里埃尔·阿吉卢梭（Gabriel Argy-Rousseau，1860—1945年）发明了一种制造玻璃的全新工艺，名为脱蜡铸造法（Pate de verre），用来生产莱利设计的玻璃首饰。这种方法在玻璃粉末中加入金属氧化物，然后将混合物冷却状态下压制或雕塑成不同的形状，进而烧制然后缓慢降温成型。这个工艺相当费事，但是能比普通的模具塑形工艺制作出更多不同形状的玻璃，主要用于生产圆形的花卉或植物吊坠。人们往往用长丝线悬挂吊坠，并且在吊坠下方加上真丝流苏进行装饰。

除了上述色彩丰富且彰显异域风情的珠宝外，另外一类以科技和工业为主题材的首饰同样在装饰艺术时期十分活跃。这类珠宝通常较为刚硬，以扁平的几何图形为主，组成连环互扣或层层叠叠的整体造型。工匠们将表面平滑的黄金、白银和钢铁与彩色硬石和珐琅装饰的饰板并排放置，并仔细地用钻石刻画两者的分界线，或是将一块硕大的彩色宝石如海蓝宝或托帕石夹在两者中间。这些首饰尽可能简化表面装饰，并被打造成各种机械零件的造型以体现当时流行的功能主义思潮。大量造型新颖且力量感十足的作品源自于20世纪20年代的一小波巴黎先锋艺术家和珠宝匠人，其中最主要的三个人是雷蒙德·唐普利耶（Raymond Templier，1891—1968年），基恩·富凯（Jean Fouquet，1899—1984年）【图149】和吉恩·德普雷斯（Jean Després，1889—1980年）【图150】，前两位都来自珠宝世家，最后一位则学习过工业设计。

在德国，公立包豪斯学校（Bauhaus）的师生也在进行着类似的大胆尝试。1919年瓦尔特·格罗皮乌斯（Walter Gropius）在魏玛建立了这座学校，

149

1929 年基恩·富凯设计的一枚吊坠。来自巴黎的基
恩·富凯是 20 世纪 20 年代在工业化珠宝设计领域
最有影响力的珠宝匠人之一。这枚吊坠用光滑的铂
金作底板，反衬了两条垂直的钻石条带，中间还镶
嵌一颗弧面形蓝宝石。

150

吉恩·德普雷斯的手镯，由白银和银镀金制成饰板，
饰板之间的铰链扣上镶嵌了一块黑色缟玛瑙，制作
于 1930 年。铰链式的金属构造让人联想起工业化的
某些机械。

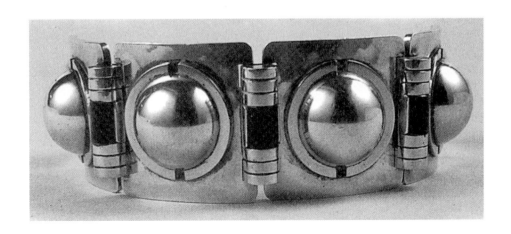

致力于将工业和科技的概念应用于各个设计领域。瑙姆·斯拉茨基（Naum Slutzky，1894—1965年）将包豪斯的理念应用于珠宝首饰，他将镀铬的铜板或银板打造成刚硬的几何造型，有时装饰以单色珐琅、木质饰板、赤铁矿或石英【图152】。20世纪20年代由于德国经济大萧条，因此贵金属十分稀缺，但这些非传统且成本较低的材料反而更适合斯拉茨基坚硬而朴素的首饰作品。1933年纳粹关闭了包豪斯学校，使得许多老师和学生逃亡海外，也将包豪斯的理念散播得更广，对现代珠宝的发展产生了巨大的影响。原来负责金属工作室的拉斯洛·默霍利（László Moholy-Nagy，1895—1946年）迁移至芝加哥继续授课，玛格丽特·德帕塔（Margaret de Patta）就是他的学生。众多逃亡英国师生中斯拉茨基最为有名，他在英国继续教授金工技艺和工业设计。

在英国，尽管装饰艺术风格是这一时期的主流，但在第二代设计师的推动下，工艺美术风格的首饰一直延续到20世纪30年代。他们当中包括H.G.墨菲（H.G.Murphy，1884—1930年），他是亨利·威尔逊的学生，也是俄罗斯芭蕾舞团的崇拜者；还有西比尔·邓禄普（Sybil Dunlop，1889—1968年），他曾在布鲁塞尔接受学习【图145】。两位都擅长用不常见的彩色宝石创造色彩多变的首饰。20世纪30年代伯明翰的珠宝商乔治·亨特（George Hunt，1892—1960年）将工艺美术风格与时髦的埃及和远东元素结合，创造了独特的珠宝首饰，同样以非常规材料和丰富的色彩著称。在澳大利亚，在一群忠实的手工艺人的带领下，工艺美术运动还在持续发光发热。其中最著名也最多产的匠人当数悉尼的罗达·韦杰（Rhoda Wager，1875—1953年），她在20世纪20年代早期至40年代中期这段时间中制造了上千件珠宝首饰，从她的手绘本中我们可以看到大部分作品取材于澳大利亚的景色和物资。

151

一枚梵克雅宝制作的红宝石和钻石胸针，是爱德华八世1936年送给辛普森女士的圣诞礼物。整件胸针由铂金制成底托，然后用传统方式镶嵌钻石，而用隐秘式镶嵌固定这些订制切割的红宝石，这一技术是梵克雅宝于1935年发明的专利技术。另一对耳钉与胸针同款，但出现时间较晚。

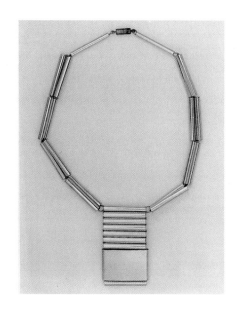

152

包豪斯风格设计师璐姆·斯拉茨基设计的项链，灵感来自于工业化材料和外形，由镀铬的铜质空管构成。斯拉茨基第一次设计该作品的时间是1929年，当时包豪斯学校还在德绍（Dessau），后来又于1960年重新制作了这条项链。

　　许多配饰也成了女性珠宝必不可少的一部分，特别是用于装饰晚宴包、烟斗和粉盒的珠宝饰框。这一阶段抽烟和化妆逐渐变成文明的社会礼仪，因此与之相关的用具也需要保证两者足够时尚优雅。装饰艺术珠宝的几何造型使得它们与那些功能性用具格外贴合。工匠们将上珐琅或喷漆的黄金制成小粉盒或平滑的小盒子。有时盒子表面会嵌有饰板，饰板上通常镶嵌数颗雕刻硬石，并用成排的钻石妆点饰板的轮廓。那些价位亲民的盒子则用一些不常见的材料装饰，如鲨革（带颗粒的鲨鱼皮肤，抛光并上色后使用）或蛋壳马赛克（coquille d'oeuf，用压碎的蛋壳拼成马赛克图案）。20世纪30年代初梵克雅宝设计了一款新的小粉盒，被称为"米诺蒂耶"百宝匣。这种结构复杂的小盒子含有多个小隔间，专门用于放置各种必需品，如口红、粉饼、胭脂、怀表、香烟和打火机。

　　20世纪30年代早期优质珠宝通常都是铂金或白金上只镶钻石的"全白"款。1920年前后的珠宝表面几乎被钻石覆盖，不同形状和切工的宝石搭配出首饰表面的图案与造型【图147】。圆形明亮式切工和梯方式切工的钻石最为常见，椭圆形、榄尖形和坠形切工的钻石通常起点缀的作用。珠宝的款式造型也发生了一些细微的改变，刚硬的直线变得更少，而弧线、圆圈、涡漩等图案与链环、丝带环绕等延绵的造型开始增多，使得首饰整体更为柔和。随着20世纪30年代晚期更为厚重的立体造型开始流行，工匠们开始将钻石镶嵌的金属制成圆弧状的褶皱，装饰在珠宝上。

优雅大气的钻石首饰直到第二次世界大战爆发前都在欧洲被人们所佩戴。冠冕仍然是英国宫廷风格珠宝的必备品，20世纪30年代珠宝匠人们设计了一种新式冠冕，整体造型更为平整，边缘更贴合头部。耳饰的造型更为狭长，项链中最典型的款式是大量镶满钻石的方结连环而成的长链。用印度雕刻宝石制成的多彩首饰仍然流行，例如1936年卡地亚就为美国社会名媛黛西·费洛韦斯（Daisy Fellowes）制作了这种风格的精美项链【图148】。对于轻松一点的场合，双夹式胸针是20世纪30年代最特征鲜明并且适用广泛的珠宝【图147】。这种首饰可以整体被作为一件大胸针佩戴，也可以被拆解成两个等大的小件，搭配在服饰上。戒指的款式更为硕大且复杂，戒面正中通常用不同颜色和切工的宝石密集排布成几何图案。它们原先笨拙的直线造型也逐渐软化成更圆润的螺旋形、桶形、扇形和头巾形。

由于新式耳夹的广泛使用，耳饰的造型发生了彻底的改变：它们变得更为紧凑，更加集中对耳坠部分进行装饰。有时也有些耳饰一直延展到耳朵上方的轮廓处。耳饰上最流行的设计包括卷轴状、涡漩状的造型，以及自然主义的图案，如花苞、卷曲的树叶以及丰饶角。

1935年梵克雅宝在宝石镶嵌领域做出了独创性的革新，发明了隐秘式镶嵌。这种镶嵌可以在首饰表面用宝石拼接出马赛克的效果。这是一项复杂而精密的技术，需要珠宝工匠具备极高的工艺水平。红宝石和蓝宝石是最常被选用的宝石，镶嵌成一整块不间断的红色和蓝色饰板。这些宝石需要被打磨成订制式切工（calibre-cut）——每颗宝石根据镶嵌的位置和整体的设计图形单独调整切割的形状，最终每块宝石无缝连接在一起，使得底部细腻的金属网格得以"隐身"。早期隐秘式镶嵌的珠宝作品中最夺人眼球的是英国国王爱德华八世（Edward VIII）送给辛普森女士（Mrs Simpson）的一枚胸针【图151】。辛普森女士在爱德华八世退位后成为了他的妻子，也就是著名的温莎公爵夫人（Duchess of Windsor）。这项技术迅速被其他珠宝商效仿，甚至在时尚首饰中都频繁出现。

20世纪20年代晚期在知名女装设计师可可·香奈儿（Coco Chanel，1883—1971年）与艾尔莎·夏帕瑞丽（Elsa Schiaparelli，1890—1973年）的推动下，时装首饰在巴黎发展出了新的艺术高度。她们鼓励自己富有的客人穿戴造型夸张且极具戏剧效果的"幻想珠宝"（bijoux de fantaisie）。由于她们的客人已经拥有了许多真宝石制成的珠宝首饰，并非是为了模拟优质珠宝的效果才佩戴时尚首饰，因此给了两位设计师更多的自由空间去探索那些更具想象力和创造力的时尚首饰。香奈儿女士叛逆地将真宝石与假宝石混搭，或是将晚宴珠宝佩戴在日常着装上，以此挑战传统观念。她最常用仿制珍珠，往往将大颗的巴洛克形状（异形、非球形）的假珍珠与各种彩色玻璃串连在一起。20世纪20年代中期至1934年，许多她的优秀作品背后的设计师是韦尔杜拉公爵（Duke of Verdura）富尔科·桑特法诺·德拉·塞尔达（Fulco Santostefano della Cerda，1895—1978年）。他在西西里的尊贵而古怪的生活为设计提供了充沛的灵感。他奢靡地将遗产中最后的资金在西西里岛上建造了一间华丽的舞厅。夏帕瑞丽的珠宝更是不循规蹈矩，甚至有些古怪，特别是那些由她超现实主义的朋友设计的作品，如珍·克莱芒（Jean Clement）设计的电发光珠宝和诗人路易·阿拉贡（Louis Aragon）设计的阿司匹林项链。从20世纪30年代末期直到战争爆发前，他的主要设计师是让·史隆伯杰（Jean Schlumberger，1907—1987年）。20世纪40年代晚期琳娜·沃特兰（Line Vautrin）设计的时尚珠宝既离奇又有趣，虽然是由铜鎏金制成，但也有了一群忠实的追随者。

尽管晚宴中佩戴珠宝的典型镶嵌材质仍是铂金，但20世纪30年代后半段不那么正式的珠宝材质发生了很大改变，黄金再次回归到首饰制造当中。同等大小的链环紧密地连锁互扣，制成有弹性的空管项链，通常与一个装饰性吊坠搭配在一起【图154】。因其形状这些项链被称为"管链"或"蛇链"，这种项链引发的时尚潮流至少延续到20世纪40年代末端。手镯往往造型硕大，由一个个棱角分明或柔和褶皱的黄金饰板重复拼接而成。

从1939年至1945年由于第二次世界大战的影响，欧洲大部分珠宝首饰行业近乎停滞。当时各方面的元素导致了这次珠宝行业的寒冬，例如大量珠宝匠人被强制征兵和众多珠宝加工中心被炸弹轰炸导致工厂基本配备不足。而珠宝交易的停滞和特殊贵金属的管控（例如作为一种军事用材，铂金的供给极其稀少，也进一步推动了黄金材质在首饰上的使用）导致了物料的短缺，另外政府对于珠宝行业的额外加税更是雪上加霜。但是我们可以从主要珠宝商保留下来的作品画册中发现，改款首饰和新的珠宝作品仍在艰苦的环境中被制作出来。在战争期间卡地亚制作了一系列胸针，胸针上描绘了一只小鸟被关在笼中，影射着纳粹对巴黎的占领，而1944年巴黎被解放后，为了庆祝这一胜利，卡地亚利用这一隐喻再次制作了一系列胸针，区别在于这次的胸针上笼子被打开，小鸟正在欢快地歌唱【图153】。

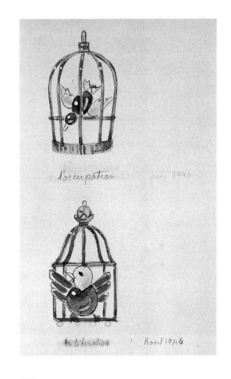

153

卡地亚胸针的手绘设计图，代表了二战期间巴黎的情况：上面那只被关在笼子中的小鸟下方写着"占领，1940年6月"，下面的小鸟打开笼门放声歌唱，并写着"解放，1944年8月"。

1939—1940 年制作的珠宝首饰，由黄金和颜色亮丽的彩色宝石制成。"气管"或"蛇形"项链上连接着一个花卉状百搭夹（passe-partout clip），上面镶嵌了黄色蓝宝石、蓝色蓝宝石和红宝石。"大花束"翻领胸针完美地结合了亮金的茎秆、蓝宝石叶子和红宝石花朵。这些作品均是由梵克雅宝制作。

战后自然主义元素再次成为珠宝设计中的主要元素，使得首饰呈现典型不对称的造型和一种自然的韵律感。胸针的设计图案以小鸟、动物以及花束为主。这一时期花束胸针通常用亮面黄金制成茎秆，并用一大颗彩色宝石制成一朵花瓣【图154】。珠宝设计师们普遍将正统的珠宝设计变得更为轻松，更为赏心悦目，这一做法一直持续到20世纪60年代。成本较低的宝石，如海蓝宝、黄水晶和紫水晶被大量用在首饰上以达到绚丽多彩的效果，而珠宝上的黄金则要么被抛磨成表面亮光的状态，要么被刻画出绞绳状的纹理【图

155】。到了20世纪50年代，铂金再次成为珠宝商常用的贵金属，但更轻便的钯金也开始应用在珠宝首饰上。1947年迪奥（Dior）推出了低领、束腰、伞裙的全新时装系列，为了搭配这季流行服装的款式，项链变得更大更抢眼。正面有充分装饰的围兜项链（Bib necklace），正是在这一时期开始出现的【图155】。耳夹仍是当时最主流的耳饰，通常镶嵌着瀑布般垂坠的宝石，或者可以额外添加成串的织金流苏，以便晚宴时佩戴。

155

一条线条感很强的围兜项链，在扭曲的黄金上镶嵌了紫水晶、绿松石和钻石，1947年卡地亚为温莎公爵夫人打造。

　　与欧洲的同行们相比，美国的珠宝行业几乎没怎么受到战争的干扰，反而由于战争而产生了一部分富有的精英阶层，助推了珠宝首饰的交易，因此美国市场渐渐演化出属于自己的独特风格。总体来说美国的珠宝首饰更为关注宝石，经常将宝石打磨成不常见的几何形状，然后呈团簇状排列，用大的镶爪固定。这种大颗粒贵重宝石的珠宝作品中最著名的作品来自纽约的珠宝商海瑞·温斯顿（Harry Winston，1896—1978年）。相较于珠宝首饰的设计与工艺，海瑞·温斯顿个人更为看重宝石本身的尺寸和品质，因此他作品的款式大多简洁大气，更多以上面镶嵌的贵重钻石而闻名。从20世纪30年代起保罗·弗拉托（Paul Flato）陆续为好莱坞明星提供珠宝首饰，他的作品大多造型大胆镶金厚重。他设计的单粒钻戒上的钻石通常尺寸硕大且形状有棱有角，因此被人们昵称为"小方冰块"。弗拉托最具识别性的作品是那些由硕大的素金字母构成的珠宝首饰，这些字母连接在一起可以拼出佩戴者的首字母、姓名或一句特殊的情诗。

　　1939年维尔杜拉在纽约开设了自己的珠宝公司，在此之前他曾为弗拉托短暂地工作过一段时间。直到20世纪60年代，他将自己的诙谐和异想天开融入到珠宝中，用颜色丰富的彩色宝石和形状奇异的巴洛克珍珠创造了属于自己的珠宝风格【图156】。他早年用黄金和宝石装饰真的贝壳，成为他开店不久后的标识性珠宝系列，这个创意很受欢迎，在20世纪50年代被许多美国珠宝商模仿。罕见的植物也是他的珠宝作品中很常见的主题。另外一位重要的珠宝设计师是一位流亡者，名为让·史隆伯杰。他的作品与维尔杜拉的一样，以颜色丰富造型立体著称。1946年他在纽约开设了自己的珠宝店，陈列的珠宝造型十分新奇，例如海星、海马、花卉和小鸟等。1956年让·史隆伯杰成为了蒂芙尼公司的高级珠宝设计师，将他对于自然天马行空的想象与瑰丽的宝石完美地结合在一起。

156

在巴黎结束了为香奈儿设计时尚首饰之后，维尔杜拉移民至美国，在这里用贵重宝石实现了他奇思妙想的设计。这枚石榴胸针上镶嵌了刻面型橄榄石和弧面型红宝石，来自20世纪30年代晚期，当时他正在为保罗·弗拉托工作。

157

自1930年起，雕塑师亚历山大·考尔德制作了一系列个性鲜明的珠宝首饰。这些作品展现了考尔德在大件雕塑中所透露的精神，大部分为他的朋友和家人打造。这条由卷曲的铜线构成的项链约来自于1938年。

在美国除了贵重珠宝之外，高品质时尚首饰也十分流行，它们主要聚集在罗德岛（Rhode Island）的普罗维登斯（Providence）地区。不少时尚首饰珠宝商都获得了成功，其中包括艾恩伯格（Eienberg），他最初是一家服饰生产商，给每一件外套免费配赠一枚胸针。还有翠法丽（Trifari），它得益于20世纪30年代法国设计师阿尔弗雷德·菲利普（Alfred Philippe）的成功作品，他曾为梵克雅宝设计贵金属珠宝。好莱坞的约瑟夫（Joseff of Hollywood），最初是一名独立设计师，专门为好莱坞电影搭配首饰，后来在1938年开创了他名为"影星首饰"的零售系列，因此被人称为"影星的珠宝商"。米里亚姆·哈斯克尔（Miriam Haskell），20世纪40年代到50年代最有影响力的美国时尚首饰珠宝商之一，他的作品受拜占庭和印度珠宝的启发，模拟了米粒珍珠和金银花丝搭配的贵重珠宝，让人眼前一亮。

从20世纪20年代到20世纪50年代，欧洲和美国的珠宝首饰上不约而同地

采用了贵金属和优质宝石，这对于珠宝匠工艺的精确与细腻提出了极高的要求。在这个阶段的尾声，一些其他领域的知名艺术家和设计师也开始参与到了首饰设计之中，为珠宝的发展增添了一丝新意。其中包括美国雕塑家亚历山大·考尔德（Alexander Calder，1898—1976年），他的动态雕塑很好地展现了物体的平衡性与移动感。他的珠宝作品通常由多个重复的铜质部件或铜线组成。他利用远古工艺制造简单而强烈的涡漩纹造型，向原石文明致敬，强调了这些形状在人类远古社会的使用【图157】。而玛格丽特·德帕塔（Margaret de Patta，1903—1964年）的作品从制造工艺上更为复杂。受到包豪斯风格的影响（她曾师从拉斯洛·默霍利），她20世纪40年代—50年代的作品大多采用金属和半宝石排布成刚硬的几何图形。同时她发明了新的镶嵌工艺，使得宝石似乎毫无依托地飘浮在空中；以及新的宝石切割方式，给予宝石非比寻常的光学表现。

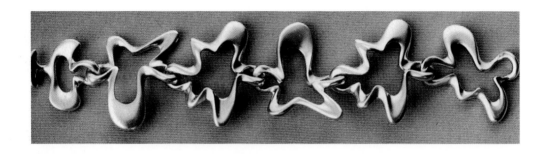

158

一条由亮面白银制成的抽象手镯，雕塑师汉宁·古柏于1947年为乔治·延森设计。

第二次世界大战后，在雕塑家汉宁·古柏（Henning Koppel，1918—1981年）的引领下，丹麦涌现出了一种独特的雕塑风格珠宝【图158】。到了20世纪50年代这一领域其他知名设计师还包括杰根·迪泽尔（Jørgen Ditzel，1918—1981年）和南娜·迪泽尔（Nanna Ditzel，生于1923年）夫妇，本特·加布里森·佩德森（Bent Gabrielsen Pedersen，生于1928年），以及瑞士人西古德·佩尔森（Sigurd Perrson，生于1914年）和托伦·布鲁胡贝（Torun Bülow-Hübe，生于1927年）。他们共同创造了一种造型柔软圆润、设计简约但却充满视觉冲击力的珠宝首饰。这类白银铸造的首饰有时会搭配着不同的饰板，饰板上要么用珐琅上色，要么镶嵌半宝石，如紫水晶和白水晶。他们当中的大部分人都曾为乔治·延森公司工作过，这家公司也成为斯堪的纳维亚极简设计的典型代表。乔治·延森公司将其中最经典且一直流行的款式持续生产销售了很多年。而斯堪的纳维亚珠宝将人们的聚焦点从华丽精美的装饰转移到了微妙紧凑的简约造型，这一转变渐渐在欧美市场波及开来，为20世纪60年代和70年代的实验珠宝打下了基础。

CHAPTER 9

第九章

20世纪60年代之后

1960 年至今

　　自1960年起珠宝首饰发生了剧烈的改变。尽管这段时间中国际一线的主流珠宝品牌仍然用贵重的材料制成珠宝，形制上也与之前数十年的珠宝风格一脉相承，但来自艺术院校的独立艺术家和手工艺人为珠宝行业带来了极大的改变。这些独立匠人不再把珠宝作为一种商业社会的货品，而是把他们的作品当成是一件自我表达和抒发的载体。通过在作品中引入全新的材质和截然不同的款式，他们挑战着人们对于珠宝的传统看法，并且不断质问一个根本的问题——"珠宝是什么"。在短时间之内，与珠宝相关的多样的新创意蜂拥而出，有些在珠宝的各个方面都做了革命性的创新，有些则明显是在传统珠宝的基础上演化出了崭新的款式和形制。由于这些设计作品出现的时间较短，我们现在无法得知哪一个方向将会更为重要或者对未来的影响更为持久，但这些创意的出现必将会影响我们每个人对于珠宝的选择。

20世纪60年代—70年代出现的新一代珠宝设计师开始不断质疑珠宝的本质和它在人类社会中的定位，与其他的艺术形式一样，耳熟能详的传统观念开始逐渐边缘化。许多最具天赋的艺术系毕业生拒绝将珠宝作为一种身份标签，认为珠宝不应该被佩戴者的性别或广告营销所渲染的信息所束缚，因此他们更倾向于使用价格低廉的材质来制作珠宝，以表达平等这一概念。同时珠宝首饰与雕塑、服饰甚至行为艺术的边界正被不断地探索开拓，它已不仅仅是一种单纯的装饰品，而是一种新艺术试验的媒介和载体。随着这些作品在更为大胆更具冒险精神的顾客群体中的影响力不断扩大，新锐的艺术家们创造了大量有争议的珠宝首饰。1961年珠宝博物馆（Schmuchmuseum）在普福尔茨海姆正式成立，开始酝酿德国珠宝的改头换面。就在同一年新生代的艺术家们在伦敦的金色大厅第一次为这些新潮的珠宝首饰举办正式的展会，一共展出了来自二十八个国家的总共上千件作品。而这一时期商业化的艺术廊进一步推动了思想和创意的国际化交流，特别是伦敦1971年成立的"埃雷克特鲁画廊"（Electrum Gallery）和阿姆斯特丹1976年成立的"Ra画廊"（Galerie Ra）。

艾美·范·勒斯姆（Emmy van Leersum, 1930—1984年）和她的丈夫赫斯·巴克（Gijs Bakker，生于1942年）是20世纪60年代晚期到70年代早期最有创造力的珠宝设计师，他们成名自荷兰，但是对于欧洲其他部分和美国的珠宝首饰发展也产生了深远的影响。他们将珠宝首饰定义为"可穿戴的雕塑"，这也成为了俩人在1966—1967年阿姆斯特丹和伦敦举办联合展览时的主题。这对夫妇通常制作简单而抽象的领圈和手镯，认为这些首饰应该与佩戴者的身体和服饰和谐共处，而不是增添额外的拘束。两人也都致力于推广"珠宝应该推动平等"的概念，因此只采用铝和塑料之类的非贵重材质制作首饰。他们的这种概念在激进的荷兰设计师心目中根深蒂固，以至于当罗伯特·斯米特（Robert Smit，生于1941年）在20世纪80年代中期使用彩金制作首饰时，其他荷兰设计师都大为震惊。尽管巴克大部分时间创作的是工业设计，但也持续制作珠宝首饰，其中最知名的作品是那件硕大的领圈【图159】。整条领圈由层叠的塑料压制而成，在塑料层与层之间还夹杂着装饰物，如一张相片或黄金压制的叶子或花瓣。巴克最近的作品中也开始将钻石与塑料一起混用，因为他觉得比之前他拒绝贵重材质的20世纪60年代相比现在的社会要更为平等。

先锋设计师们所创造的作品持续引发舆论热烈的争辩，其中最有想法、最具争议性，同时也是工艺最为熟练的一位设计师是奥托·库泽里（Otto kunzli，1948年生于瑞士）。20世纪80年代早期，他在聚苯乙烯制成的砖块表面贴上墙纸，制成了一件巨大的胸针【图160】。这也激起社会讨论一个有趣的话题——在现代珠宝从形制上和功能上都与传统珠宝渐行渐远的情况下，如何界定一件作品仍属于珠宝首饰。库泽里同样不喜欢珠宝对于财富的象征，他将一件自己设计的镯子命名为"黄金让人盲目"，这件镯子上的黄金完全被黑色橡胶所覆盖，让人们无法察觉黄金的存在。瑞士设计师伯恩哈德·肖宾格（Bernhard Schobinger，生于1946年）设计的作品所传达的社会和政治讯息更为明显，例如1990年他将破碎瓶子的瓶颈用绳子

159

赫斯·巴克制作的项链，在盘旋的塑料中间夹杂着大丽花的花瓣，1986 年。

160

奥托·库泽里制作的一系列胸针中的一件，在坚硬的海绵泡沫表面贴上了不同图案的墙纸，1983 年。

串在一起，制成了一条项链。为了审视珠宝首饰与身体的关系，肖宾格的同胞皮埃尔·德根（Pierre Degen，生于1947年）将梯子和木杆组合成轻快的结构佩戴在身上，许多人认为这样的作品更应该被当作是雕塑或是某种行为艺术。

这个时期的珠宝匠人们不断开发探索新式材料，将更多的物质广泛地结合到珠宝首饰当中。20世纪60年代范·勒斯姆和巴克让塑料在首饰中焕发新生，他们以极佳的创意充分开发了塑料本身的特质和特性，而不再将其作为贵重材料的仿制品。而从20世纪70年代开始克劳斯·布利（Claus Bury，1946年生于德国）、弗里茨·梅尔霍夫（Fritz Maierhofer，1941年生于澳大利亚）、戈尔德·罗斯曼（Gerd Rothman，1941年生于德国）以及戴维·沃特金斯（David Watkins，1940年生于英国）则将丙烯酸制品与造型特异的贵重金属放置在一起构成首饰【图168】。与此同时澳大利亚的珠宝设计师海尔格·拉森（Helge Larsen，生于1929年）和达兰尼·卢尔斯（Darani Lewers，生于1936年）则制作了一系列银质吊坠，吊坠中间用表面呈波浪状的有机玻璃覆盖各式照片。纸是最为轻盈的一种材料，在20世纪60年代中期被英国设计师温迪·拉姆肖（Wendy Ramshaw，生于1939年）和戴维·沃特金斯应用于他们创作的一系列五颜六色的珠宝首饰上。他们将这个系列命名为"特殊物品"，需要购买者将购置的扁平零件一一组装起来变成可佩戴的首饰。近年来内尔·林森（Nel Linssen，1935年生于荷兰）使用褶皱的纸张制作了大量的项链和手镯【图161】。随着纸浆在大型雕塑中使用的频率越来越高，美国设计师马乔里·希克（Marjorie Schick，生于1941年）将其制成绚丽多彩的可穿戴"绘画"，而瑞士出生、法国发展的设计师吉尔斯·琼曼（Gilles Jonemann，生于1944年）则将纯色纸浆制成珠宝，突显其柔和内敛的光泽。

20世纪70年代晚期至80年代初，许多珠宝匠人开始尝试将纺织纤维或布料作为新式的非贵重材质应用在珠宝上，因为这些材质能够制作出比金属和塑料更为柔软的形制和款式。卡罗琳·布罗德海德（Caroline Broadhead，生于1950年）最初用扭曲的或打结的棉布制成个头硕大但质地轻柔的项链，

161
由纸板制成的可变形的手镯，由
内尔·林森制作，约为 1987 年。

而后她开始将尼龙纤维制成的丛毛贴在坚硬平整的领圈或手镯的边框上，点缀整件珠宝的边缘。1981年她将彩色尼龙绳编织成可折叠弯曲的空管，这些尼龙管可以作为大项链佩戴，也可以向上展开成为戴在头上的围脖帽。其他在珠宝与服饰交织重叠的领域探索的英国设计师还包括苏珊娜·赫伦（Susanna Heron，生于1949年）和茱莉亚·曼海姆（Julia Manheim，生于1949年）。这三位珠宝工作者都将他们的作品定义为可穿戴珠宝，并进一步模糊了珠宝和服饰、帽饰与雕塑之间的界限。20世纪80年代早期，荷兰珠宝匠人（Lam de Wolf，生于1949年）尝试着将碎片的布料、打结的布料以及有破洞的布料制成多层式项链，这种项链被佩戴于肩膀部位，并像瀑布一样在背后垂坠，同时也可以被当成壁挂。

　　将废弃的物品改造成首饰是设计师们在搜寻替代性材料过程中的一个自然而然的过程，这种回收再利用的做法也反映了当下流行的绿色环保的概念。20世纪60年代中期刻意采用"发现的物件"制成首饰的设计师包括两位美国人佛瑞德·韦尔（Fred Woell，生于1934年）和罗伯特·艾本多夫（Robert Ebendorf，生于1938年）。他们设计的珠宝有着类似拼接画或是物料集合体的效果。这种主题的首饰近年来更是被不断地探索开发，产生了各式各样的作品，美国设计师ROY（ROY，生于1962年）

将废弃的交通标示牌制成饰板结合在珠宝上【图163】，而澳大利亚设计师苏珊·科恩（Susan Cohn，生于1952年）则将从铝质网格到珠宝首饰的金属底托等各种金属碾碎压制成坚硬的造型，制成胸针或戴在头上的珠串。

下面介绍的两位英国设计师，同样采用了废弃的材料制成首饰，但在他们的调整与装饰下，这些材质的出处并没有被放大，反而被巧妙地隐藏起来。从20世纪70年代起，马尔科姆·艾普比（Malcolm Appleby，生于1946年）在老旧的枪筒和车轮表面切割、上色、内嵌黄金，最终制成戒指。彼得·昌（Peter Chang，生于1944年）则将丙烯酸布告牌切割塑形，并且镶嵌彩色的漆器，创造出色彩迷幻的胸针与手镯【图162】。

被设计师们回收的材料不只是那些工业废品，还有来自大自然的礼物，例如卵石和贝壳。它们也是各种替代性材料中令人满意的材质之一。法国雕塑家让·阿尔普（Jean Arp，1888—1966年）充分地利用了这些材料，他在1960年前后设计了一款胸针，在抽象的银质底托上镶嵌了卵石。而20世纪60年代中期，出生于德国但在英国工作的设计师海尔格·扎恩（Helga Zahn，1936—1985年）则将来自康沃尔郡的黑色卵石用简单的

162

彼得·昌制作的胸针。胸针内含木质框架，表面镀有不同颜色塑料，塑料与塑料之间的缝隙由彩漆填充，最后整体抛光，产生浑然一体的效果，1992年。

163

ROY设计的"美国梦"手镯，白银底座上镶嵌着回收的交通指示牌，并嵌有钻石和红宝石，1993年。

银质边框环绕。立足于慕尼黑的南非人丹尼尔·克鲁格（Daniel Kruger，生于1935年）用金箔包裹粗糙的石材制成不规则形状的吊坠，使得这类首饰看起来更为野性和原始。克鲁格有时也会在作品中结合羽毛，在这一领域英国人西蒙·科斯廷（Simon Costin，生于1962年）的做法更为激进。他将鱼类和两栖类动物的标本或是脆弱而美丽的小动物骨骼结合在珠宝首饰上，以此发现自然界的真实，探索人类对于自然的反馈。

设计师们不光探索动物的骨骼，也在试图开拓人类的身体，戈尔德·罗斯曼的"身体印记"正是这类作品的典范。自20世纪80年代起陆续有设计师将耳饰铸造成耳朵下半部的形状，使得这件耳饰可以完整地覆盖真人的耳朵，也有设计师在印章戒指上用真人的拇指指纹进行装饰。1973年赫斯·巴克设计了一款特殊的手镯，这只手镯并不是实物，而是金丝在手臂上紧紧勒出的印记，这类"隐形首饰"也引发了社会的热议。而世界部分地区早已存在的人体穿孔和佩戴体环的习俗也开始对珠宝设计产生影响。

珠宝匠人们也利用新的工艺与技术为首饰增添浓郁的色彩。金属阳极氧化后，含有钛、钽、铌等元素的镀层能够利用光线的干涉与反射在金属表面产生华丽的彩虹般的色彩。自20世纪70年代许多设计师都充分利用这一效果制成首饰，其中知名的设计师包括爱德华·德·拉奇（Edward de Large，生于1945年），他的胸针作品具备强烈的未来感和幻想主义；以及艾伦·克雷克斯福德（Alan Craxford，生于1946年），他用雕刻进一步给首饰装饰出彩虹的色泽。同样在英国，简·亚当（Jane Adam，生于1959年）将氧化处理过并喷绘的铝重新制成首饰，而杰夫·罗伯特（Geoff Robert，生于1953年）则利用颜色艳丽的金属衬底制成各种硕大而有趣的珠宝首饰。雕塑家安德鲁·罗根（Andrew Logan，生于1945年）并没有选择金属材料，而是将彩色的玻璃碎片镶嵌在树脂中制成首饰，成为他的标识性工艺。同样制作大型首饰的还有安妮·舍伯恩（Annie Sherburne，生于1957年），她将玻璃制成的彩色宝石镶嵌在喷绘的木头底座上，制成鲜艳亮丽的珠宝。

尽管那些最前卫也最具争议性的珠宝设计师对于大部分人来说仍过于学术，他们的作品也无法在大众市场广泛传播，但是这些创意与创新有时会收到来自高级订制服饰领域的赞叹与鼓励。在英国的时尚设计师中，里法特·沃兹别克（Rifat Ozbek）采用了彼得·昌的作品，桑德拉·罗德斯（Zandra Rhodes）选用了安德鲁·罗根的首饰，而爱尔兰的雕塑家和珠宝匠人斯利姆·巴雷特（Slim Barrett，生于1960年）则获得了安东尼·普赖斯（Antony Price）的认可。在美国，珠宝匠人同时也是艺术画廊的主人罗伯特·李·莫里斯（Robert Lee Morris，生于1947年）用黄铜制成的亚光略带铜绿的首饰被唐娜·卡兰（Donna Karan）所青睐。在卡尔·拉格菲尔德（Karl Lagerfeld）的带领下，香奈儿的时装首饰保证了一以贯之的高品质，而夏帕瑞丽的超现实主义作品在收藏家和设计师比利·博依（Billy Boy）的手中得以延续。自1987年克里斯亭·拉克鲁瓦（Christian Lacroix）鼓励更夸张的时装首饰，其中最具代表性的当属"拉克鲁瓦十字架"。

自1960年起许多珠宝艺术设计师们将眼光关注到传统材料，用这些材质表达自己的理念和观点。他们用不同的方式和技艺加工处理贵金属，通常刻面宝石的重要性不像原先那么突显。同时期的绘画、雕塑以及包豪斯学派衍生出来的现代主义概念都给了这些设计师极大的灵感，创造出全新的珠宝首饰。

自战争期间许多成名的画家和雕塑家就已经对珠宝首饰的设计做了很多贡献。萨尔瓦多·达利（Salvador Dali，1904—1989年）在20世纪40年代晚期至50年代设计了绚丽的超现实主义珠宝，他最著名的一件作品是1949年设计的"时间之眼"怀表胸针。乔治·布拉克（George Braque，1882—1963年）在20世纪60年代早期与黑格尔·德·洛温菲尔德（Heger de Lowenfeld）制作了一系列胸针。他从他的画作中汲取灵感，设计了这些惟妙惟肖的胸针。其中最出名的作品是一只飞翔的小鸟，鸟的眼睛用红色碧玉玛瑙制成，鸟身则采用了青金石，并在周围的边框上镶嵌了钻石，整只鸟被放置在织金的底座上。巴勃罗·毕加索（Pablo Picasso，1881—1973年）、让·科克托（Jean Cocteau，1891—1963年）、马克斯·恩斯特（Max Ernst，1891—1976年）都设计了一些首饰模型，并用黄金铸造成圆徽或胸针。英国画家艾伦戴维（Alan Davie，生于1920年）从20世纪50年代中期开始设计珠宝首饰，并且深受哥伦布时代之前的原始而古朴的装饰风格影响。1961年伦敦金色大厅的展览会上，不少展出的作品都来自于当时的知名设计师，包括肯尼斯·阿米塔（Kenneth Armitage，生于1916年）、伊莉莎伯·弗林克（Elisabeth Frink，1930—1993年）、特里·弗洛斯特（Terry Frost，生于1915年）、威廉·斯科特（William Scott，1913—1989年）。

20世纪60年代早期抽象表现主义画家如杰克逊·波洛克（Jackson Pollock）也开始对珠宝设计产生影响。两位英国珠宝匠人约翰·唐纳德（John Donald，生于1928年）和安德鲁·格里马（Andrew Grima，生于1921年）用这种不对称的新式风格设计了最具戏剧性的首饰【图164】。他们作品抽象的造型和不规则、碎片化的外观深受大自然的启发，有时甚至给人一种错觉，这些作品根本就不是人为设计的而是野性自然无拘无束地生成的。作品表面的织金纹理让人联想起树叶和树干的真实纹理，而镶嵌的宝石则包括不

164

粗糙纹理的黄金和碎片构成的不对称形制成为20世纪60年代最流行的首饰元素。安德鲁·格里马正是这种风格的前沿设计师，他设计的这枚胸针由钻石和黄金构成，1963年。

165

格尔达·弗洛金制作的项链的细节图。整条项链由两部分组成，分别制作于1975年和1986年。项链表面丰富的纹理（图片差不多与实物尺寸相当）由氧化银、黄金、欧泊、钻石和珍珠构成，项链的搭扣由抛光的石英制成。

常见的硕大矿物标本，如玛瑙晶洞和锯齿状的水晶矿标，同时也镶嵌着欧泊、碧玺和散布的钻石。

　　众多在传统贵金属领域探索的珠宝匠人将大量的精力投注在金属表面，希望能够研发出金属新的纹理或光泽。在德国，伊丽莎白·特雷斯科夫（Elisabeth Treskow，生于1898年）在大量的实验之后，领先慕尼黑金匠约翰·威尔姆（Johann Wilm）一步，在1930年发现了伊斯特鲁里亚人金珠工艺的奥秘，并且在20世纪50年代—60年代将这一工艺应用在他抽象的珠宝作品上【图169】。莱因霍尔德·瑞林（Reinhold Reiling，1922—1983年）则深受20世纪60年代出现的一种新的德国首饰风格的影响，用亚光的或是有织纹的黄金制成柔和而抽象的几何造型【图166】。在英国，布伦·奥凯西（Breon O'Casey，生于1928年）从古董首饰中获得灵感，在1960年将未经抛光的贵金属制成手

工捶打的不规则造型，有时还在表面镶嵌半宝石，给人一种冷淡、无光泽的观感。在美国，厄尔·帕顿（Earl Pardon，1926—1991年）同样也在表面纹理上不断创新，并通过他手工艺人和老师的身份不断建立自己的影响力。

　　在英国，格尔达·弗洛金（Gerda Flockinger，1927年生于奥地利）从20世纪60年代下半叶开始发明了一种十分特殊的金属外观，将熔化的涡漩纹、球体、气泡和空洞覆盖在金属表面，构成个性鲜明的装饰【图165】。最初她的作品大多用白银制作，通常不规则地镶嵌了绿松石和其他弧面形宝石。这些早期作品逐渐变得更为精致，将流动状的黄金和白银及氧化银结合在一起，并且镶嵌了欧泊、珍珠以及散落的碎钻。1962年他在伦敦的霍恩西艺术学院（Hornsey school of art）开设了英国第一门实验性珠宝课程。与之相对杰奎琳·米纳（Jacqueline Mina，生于1942年）主要关注黄金与铂金的纹理与颜色，她将多种金属工艺用于珠宝首饰的创作，如萨莫罗多克工艺（samorodok，通过熔炼在黄金表面制作出粗糙的纹路）和后期使用的日本上色工艺——木纹金属工艺（mokume gane，将多种颜色的K金薄层卷在一起，多次烧制、捶打、抛磨，最终创造一种简朴亚光的外观）。她的近期作品还将铂金网格内嵌在黄金底座上，以达到锦缎般的效果。

　　尽管欧洲其他地区对于珠宝新材质的谈论与探索热火朝天，但大部分意大利主流珠宝匠人仍坚持以黄金为主的珠宝首饰，特别是在帕多瓦（Padua），设计师们仅用有光泽的亚光黄金制作珠宝，几乎不镶嵌任何宝石，创造了一种轻松而优雅的首饰风格。就职于州立艺术学院（Istituto Statale d'Arte）和彼得·塞尔瓦蒂科艺术学院（Istituto d'Arte 'Pietro Selvatico'）的马里奥·平东（Mario Pinton，生于1919年）是意大利最著名的珠宝匠人【图169】，在他专业的引领下帕多瓦成为意大利的首饰艺术中心。

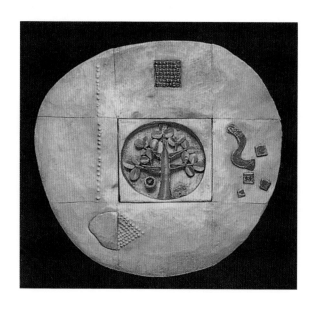

166
镶嵌着红宝石与钻石的黄金胸针，由莱因霍尔德·瑞林设计，1967年。

詹帕罗·巴贝托（Giampaolo Babetto，生于1947年）延续了平东的理念，将首饰打造成立体的几何造型，偶尔也将乌银和彩色的丙烯酸树脂结合在首饰上【图169】。弗朗西斯科·帕凡（Francesco Pavan，生于1937年）作品的造型大同小异，但是表面纹理的复杂度更胜一筹。

第二次世界大战后，日本也涌现出了一小批年轻的金工匠人，他们的作品在受到欧洲流行风潮影响的同时也结合了独特的日本本土文化和极简主义，其中最著名的是平松保城（Yasuki Hiramatsu，生于1926年），他的作品和他在东京大学（Tokyo University）的教学工作极大地推动了日本珠宝在国内外的发展。他采用层叠的或褶皱的金箔和银箔制成首饰，使之更具深度，同时也将厚重的金属扭曲成丝带，拼成项链或手镯，金属表面的纹理也是他的重要设计元素。20世纪70年代伊藤康博（Kazuhiro Itoh，生于1948年）将大理石薄片镶嵌在棱角分明的戒指上，到了80年代晚期，他将注意力从传统材料延伸到新式材质上，如在透明塑料袋中将竹子的细条排布成特殊形状。近年来他还用钢丝将切片的木头系在一起，构成一条蜿蜒的项链【图167】。

金属丝，不管是贵金属制成的还是普通金属打造的，被多种多样地应用在首饰上，有些用于创造表面纹理，有些用于制造整体结构。有时金属丝被制成可弯曲的窗格状圈环，有时则被精密地排布在一起，构成坚硬的轮。珠宝工匠们用多种制作纺织品的技法加工贵金属材料，如针织、编织和钩针等技艺。在美国，阿林·费什（Arline Fisch，生于1931年）用手工针织的工艺制成了纹理宽松的手镯，与此同时胡玛丽（Mary Lee Hu，生于1943年）则率先将单色的金属丝线编织成各种不同的图案与纹理装饰珠宝【图170】。在英国，苏珊·克劳斯（Susan Cross，生于1964年）采用钩针技艺加工首饰，而凯瑟琳·马丁（Catherine Martin）则采用了日本传统的编织工艺——手织工艺（kumihimo）【图170】。埃斯特·沃德（Esther Ward，生于1964年）则主要采用不锈钢制成的金属丝。她设计的首饰将一系列相同的直线造型部件组合在一起，佩戴时各个部件垂坠下来产生不同的形状。澳大利亚人卡利尔·牧

川（Carlier Makigawa，生于1952年）用金属丝制成优雅的弧形线条，组成中空的立体雕塑。

珐琅也是这一时期重要的装饰手段，英国人简·绍特（Jane Short，生于1954年）用透底珐琅制作了极为细腻的彩色珠宝首饰。美国珠宝匠人威廉·哈珀（William Harper，生于1944年）将彩色掐丝珐琅与表面粗糙的黄金、水晶矿标和巴洛克珍珠结合在一起，创造出极具奇幻色彩的珠宝，这些珠宝简单抽象的造型背后通常都具备特定的符号学象征【图169】。哈珀的同胞杰米·班尼特（Jamie Bennett，生于1948年）则将颗粒状的不透明珐琅应用于他的首饰表面，达到五颜六色的效果，创造出与哈珀的作品截然不同的装饰效果。

自包豪斯学派开始的现代主义概念仍然是近几十年来珠宝设计师们的灵感来源。英国人温迪·拉姆肖在1972年获得了工业设计学会奖（Council of Industrial Design Award），继续着以现代主义为方向的珠宝设计。近年来她将各类材质与最新的技术和更精湛的工艺结合，创造出典型的后现代主义风格的首饰。她设计的一套戒指套装，其中每一枚戒指都颜色鲜明造型大胆（有些戒指的长度甚至超过手指）【图171】。而这一套装的佩戴方式多变，有时可将十多枚戒指同时佩戴在手上，让佩戴者可以自由地发挥自己无穷的想象。这一戒指套装与展示柜一同出售，既可以作为珠宝使用也可以作为雕塑展示。最近几年她还将毕加索画作中的女性作为主题创作了一系列珠宝首饰，称为"毕加索的女士们"。

赫尔曼·荣格（Hermann Junger，生于1928年）曾是慕尼黑造型艺术学院（Akademie der Bildenden Kunste）珠宝首饰方向的教授。20世纪60年代中期起他采用贵金属制成造型抽象的首饰。他的作品通常都先用水彩和线条勾勒出草图，反映了包豪斯学派"让设计简约"的理念。荣格也大力推广"珠宝需要佩戴者参与"这一概念，因此他的作品就算不被佩戴，同样是一件精美的陈列品。到了20世纪70年代末，他将金属和彩色硬石打磨成各种不同几何形状的珠子，

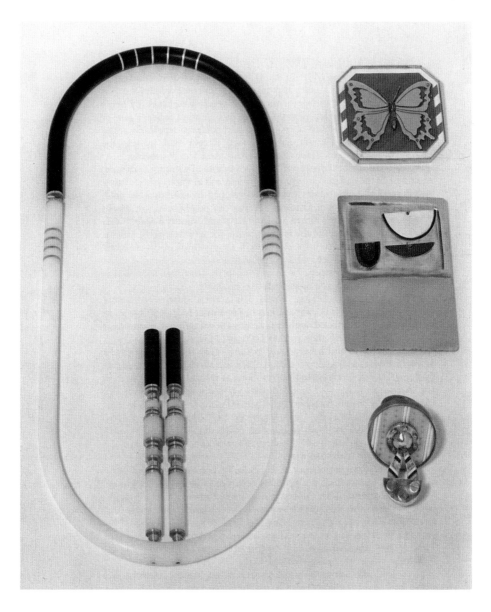

168

20 世纪 70 年代的珠宝首饰：（从左顺时针排列）戴维·沃特金斯制作的项链，由黄金和丙烯酸树脂制成，
1975 年；戈尔德·罗斯曼制作的胸针，由钢铁和丙烯酸树脂制成，1970 年；安东·赛普卡制作的胸针，
由白银和珐琅制成，约为 1972 年；弗里茨·梅尔霍夫制作的戒指，由白银和丙烯酸树脂制成，1973 年。

169

传统材料与全新创意结合的首饰：（上方）马里奥·平东制作的黄金项链，1961 年；（左上）伊丽莎白·特雷斯科夫制作的鱼形胸针，在黄金表面装饰以金珠工艺，并且镶嵌一颗蓝宝石、一枚珍珠和多颗钻石，1953 年；（右上）凯文·科特制作的"纵纹腹小鸮"胸针，由黄金、铂金、钛金和氧化银制成，1983 年；（左下）平松保城制成的胸针，由黄金碎块组成，1990 年；（中间）威廉·哈珀制作的"圣母与独角兽"胸针，由黄金、白银、珐琅、珍珠、碧玺和紫水晶构成，1988 年；（右下）詹帕罗·巴贝托制作的黄金戒指，1980 年。

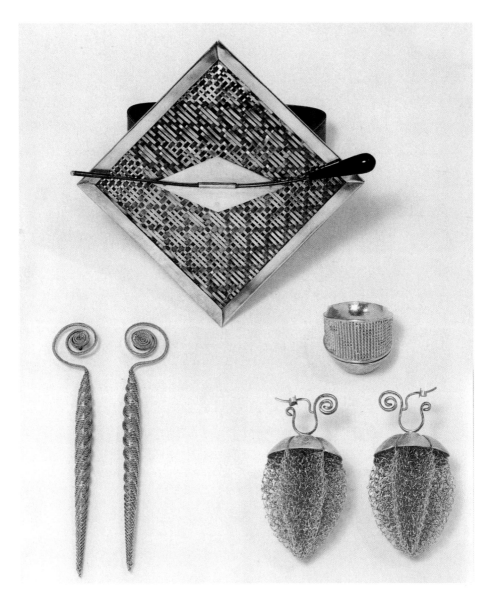

170

利用仿制工艺制成金属丝首饰：（上方）阿林·费什制作的手镯，饰板的表面由编织的彩金细丝装饰，整个饰板可以被单独拆卸下来成为胸针，1987 年；（左下）凯瑟琳·马丁制成的耳饰，利用日本的传统工艺将铂金编织成特定的纹路，1991 年；（右中）胡玛丽制作的戒指，由一整块织金饰板构成；（右下）苏珊·克劳斯制作的耳饰，将铂金和黄金的细丝钩成特殊的装饰，1988 年。

171

温迪·拉姆肖制作的 40 件戒指套装，1988 年，灵感来自于毕加索的画作《梦境》（The Dream）。戒指上镶嵌了石榴石、蓝宝石、月光石、碧玺、拉长石和紫水晶。它们被放置在可旋转的有机玻璃陈列架上。整套作品并不只适用于同一根手指，而是与数个手指进行匹配。

这些珠子作为构成整条项链的配件，可以根据佩戴者的意愿用简单的金丝串在一起。他将这些配件根据种类放置在盒子的不同隔层进行展示【图172】。

在荷兰，奥诺·伯克豪特（Onno Boekhoudt，生于1944年）的珠宝首饰以抽象的雕塑造型为特色，许多作品间接地受到了大自然的影响。1980年他将白银锯成多个条带，再繁复焊接在一起，产生有趣的地质结构般的纹理，构成一件胸针，同时他也将树干的切片作为放大的戒指进行试验性研究。在英国，伊丽莎白·霍尔德（Elisabeth Holder，1950年生于德国）的珠宝首饰则展现了类似的简约形制和成熟思考，但整体造型上更为对称；而辛西娅·卡曾斯（Cynthia Cousens，生于1956年）则在简练的雕塑风格基础上，用细微的表面处理提升了首饰的整体效果。

近几十年来科技循环往复地影响着珠宝首饰设计。来自伦敦皇家艺术学院（Royal College of Art）的戴维·沃特金斯用最简单的线条和最精准的图案来设计珠宝，他的作品往往给人很强的科技感。其中最典型的是他设计的领圈，将彩色丙烯酸树脂用铰链和接缝准确地连接在一起，树脂表面还嵌有金属圈环【图168】。另外一种项链则由多个精致的钢圈组成，每个钢圈上都挂着被氯丁橡胶覆盖的几何形吊坠。

德国人弗里德里希·贝克尔（Friedrich Bechker，1922—1997年）学习的是航空专业，最初的工作是一名机械装配工，之后才投身于珠宝行业。扭曲的钢材和白金以及光滑无修饰的表面是他作品的典型特征。他设计的带有可移动部件的戒指和手镯十分出名，被称为"活动首饰"【图173】。这些首饰中精准的接头以及隐藏在内的微小球形轴承是它们活动的关键，这些精确的工业零件使得那些部件可以沿着首饰的轴线以令人惊异的速度快速滑动。

科技的变化也影响了许多其他的珠宝设计师，包括劳斯·布利、戈尔德·罗斯曼、弗里茨·梅尔霍夫，他们以工业零件为灵感将抽象的造型结合到自己的首饰上【图168】。斯洛伐克人安东·赛普卡（Anton Cepka，生于1936年）受到雷达和无线电画面的触动，将扁平的彩色色块用铆钉固定在未经

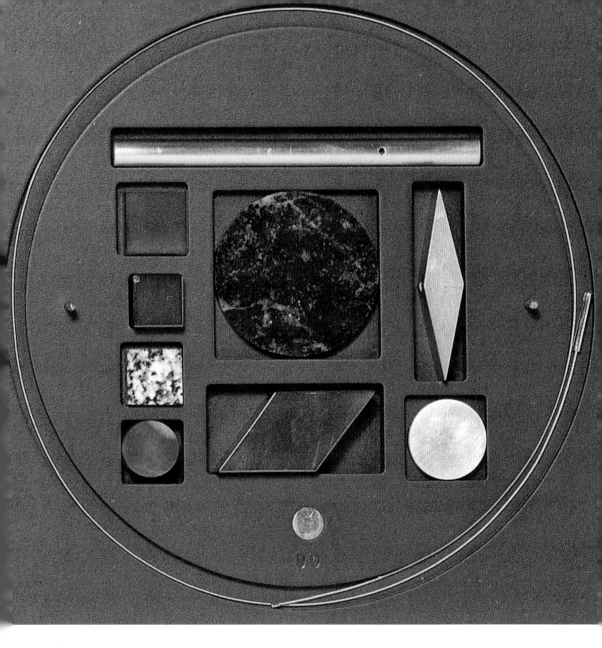

172

赫尔曼·荣格制作的一盒项链组件，1990 年。这些几何形的组件由白银、银镀金、青金石、玉髓、赤铁矿和花岗岩制成，可以根据佩戴者的需求通过金丝串联在一起。不佩戴时，这些放在盒子里的组件可以被当成雕塑欣赏。

处理的银板上制成首饰，或者用网格的形式展示首饰的内部构造【图168】。弗兰克·鲍尔（Frank Bauer，1942年生于德国，但活跃于奥地利）将金属打造成立体的框架，以数学建模的精准性制成线性几何结构的珠宝首饰。近年来不少设计师正在开发电脑设计的潜力，比如戴维·沃特金斯与美国珠宝匠人斯坦利·勒赫金（Stanley Lechtzin，生于1936年）正在尝试使用电铸工艺生产珠宝首饰。这一工艺将金属材料沉淀在非金属材料的表面。

一些珠宝设计师则将部件组合的理念应用到首饰上，将一系列等大的小部件组成在一起构成首饰。20世纪60年代英国设计师帕特丽夏·迈耶罗维茨（Patricia Meyerowitz）将不达标的机械制品和工业废料重组成首饰。挪威人简·维吉兰（Tone Vigeland，生于1938年）则用金属的连环制成柔软的长链。在她早期的首饰中，她将手工捶打的钢铁制成羽毛状的饰品与长串的黄金珠子一起垂坠于作品上。她后期的作品造型更为硬朗，通常用暗色带铜绿的金属制成一个个平整的几何形部件，这些部件连在一起构成首饰。

尽管现在珠宝的形制大多都倾向于抽象的造型，但仍有自然主义元素被结合在现代作品当中。从20世纪60年代晚期开始，夏洛特·德塞拉斯（Charlotte de Syllas，生于1946年）以自然元素为主题制作了一系列精致的彩色硬石和珊瑚雕刻件。同样在英国，凯文·科特（Kevin Coate，生于1950年）从符号主义和神秘主义汲取灵感创造珠宝首饰【图169】。这些作品通常带有特殊象征意义的图案，这些图案通常来自于神话故事、文学、音乐、数学，以及潜意识等领域，它们的材质和工艺同样令人印象深刻。

都林的设计师布鲁诺·马丁纳齐（Bruno Martinazzi，生于1923年）则以人体的各个部位为基础，创造了与他的雕塑作品相似的珠宝首饰，阐释着人类的各种感官。他的作品中隐含着强烈的哲学思想：手指和手掌代表着友谊和创造力，而中间的带有刻度和标尺的测量仪器则象征着人类尝试理解宇宙的不同方式【图174】。

自20世纪60年代起，前卫的珠宝首饰引发了如下一些争论：到底珠宝应

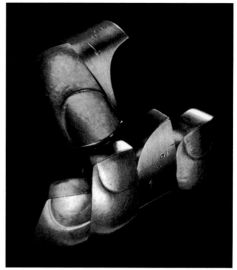

该采用哪种材质制成，如何界定珠宝首饰与普通配件的界限，以及珠宝首饰是否属于艺术。许多对于首饰材质和制造工艺的传统偏见已经很大程度地被打破与克服。珠宝与雕塑、装置艺术、时尚之 间的边界被进一步探索和拓展，当然不甘被传统束缚艺术家们也会不断地重新定义这一界线。这么多年来我们唯一可以确定的就是优质的珠宝具备打动人心且令人神往的魅力，这也是各种艺术形式最基本也是最有魅力的表现。

173

一枚弗里德里希·贝克尔制作的活动戒指的延时照片，1982年。整个戒指由几何造型的钢材部件制成。戒面上的部件用铆钉固定，可以灵活地旋转。

174

布鲁诺·马丁纳齐制作的"变形"手镯，1992年。手镯上出现的手指和测量仪器的造型代表了物质和精神的不同维度。手镯上采用了两种不同颜色和质地的K金，手指用较柔软的黄金捶打制成，而测量工具则采用了更坚硬更苍白的光滑K金。

参考文献

概述

Addison, K. J. and S., *Pearls. Ornament and Obsession*, 1992

Antwerp: Koningin Fabiolalazaal, *The Jewel—Sign and Symbol*, exh., 1995

Balfour, I., *Famous Diamonds*, 1987

Baltimore, Md: Walters Art Gallery, *Jewelry. Ancient to Modern*, 1979

Becker, V., *Fabulous Fakes*, 1988

Black, A. J., *A History of Jewels*, 1981

Boardman, J., and D. Scarisbrick, T*he Ralph Harari Colletion of Finger Rings*, 1977

Bury, S., *Jewellery Gallery Summary Catalogue* [Victoria & Albert Museum, London], 1982

—An *Introduction to Rings*, 1984

Chadour, A. B., *Rings. The Alice and Louis Koch Collection. Forty Ceuturies seen by Four Generations*, 1994

—and R. Joppien, *Schmuck I&II* [Kunstgewerbemuseum, Cologne],1985

Dalgleish, G., and R. Marshall, *The Art of Jewellery in Scotland*, exh., Scottish National Portrait Gallery, Edinburgh, 1991

Dalton, O. M., *Catalogue of the Finger Rings, Early Christian, Byzantine, Teutonic, Medieval and Later. Franks Bequest* [British Museum, London], 1912

D'Orey, L., *Five Centuries of Jewellery. National Museum of Ancient Art, Lisbon*, 1995

Dubin, L. S., *History of Beads*, 1987

Egger, G., *Bürgerlicher Schmuck*, 1984

Evans, J., *English Jewellery from the Fifth Century AD to 1800*, 1921

—A *History of Jewellery, 1100–1870*, 1970 Fales

Gandy, M., *Jewelry in America*, 1995

Fraquet, H., *Amber*, 1987

Gregoretti, G., *Jewellery through the Ages*, 1970

Henig, M., D. Scarisbrick and M. Whiting, *Classical Gems: Ancient and Modern Intaglios and Cameos in the Fitzwilliam Museum* [Cambridge], 1994

Hinks, P., *Jewellery*, 1969

Hughes, G., *The Art of Jewelry*, 1972

Jonas, S., and M. Nissenson, *Cuff Links*, 1991

Lanllier, J., and M.–A. Pini, *Cinq Siècles de Joaillerie en Occident*, 1971

Lewis, M. D. S., *Antique Paste Jewellery*, 1970

London: Museum of London, *Treasures and Trinkets. Jewellery in London from Pre–Roman Times to the 1930s*, exh., 1991

London: Natural History Museum, *Gemstones*, 1987

Mascetti, D., and A. Triossi, *Earrings from*

Antiquity to the Present, 1990

Medvedeva, G., et al., *Russian Jewellery 16th–20th Centuries. From the Collection of the Historical Museum, Moscow*, 1987

Morel, B., *The French Crown Jewels*, 1988

Muller, H., *Jet*, 1987

Munn, G. C., *The Triumph of Love. Jewelry 1530–1930*, 1993

New York: Metropolitan Museum of Art, *Metropolitan Jewelry*, 1991

Newman, H., *An Ilutrated Dictionary of Jewelry*, 1981

Ogden, J.. et al., *Jelley. Makers, Motifs, History, Techniques*, 1989

Oman, C.C., *Catalogue of Rings* [Victoria & Albert Museum, London], 1930

—*British Rings 800–1914*, 1974

Oved, S., *The Book of Necklaces*, 1953

Proddow, P., and D. Healy, *American Jewelry. Glamour and Tradition*, 1987

Scarisbrick, D., *Ancestral Jewels*, 1989

—*Rings. Symbols of Wealth, Power and Affection*, 1993

—*Jewellery in Britain 1066–1837*, 1994

Schiffer, N., *Costume, Jewelry–the Fun of Collecting*, 1988

—*The Power of Jewelry*, 1988

Society of Jewellery Historians, London, *Jewellery Studies*

Tait, H., ed., *Jewellery through 7000 years* [British Museum, London], 1976

—, T. Wilson, J. Rudoe and C. Gere, *The Art of the Jeweller. A Catalogue of the Hull Grundy Gift to the British Museum* [London], 1984

Taylor, G., and D. Scarisbrick, *Finger Rings from Ancient Egypt to the Present Day*, exh., Ashmolean Museum, Oxford, 1978

Thage, J., *Danish Jewelry*, 1990

Tillander, H., *Diamond Cuts in Historic Jewellery 1381–1910*, 1995

Twining, E. F., *A History of the Crown Jewels of Europe*, 1960

Untracht, O., *Jewelry Concepts and Technology*, 1982

Vasconcelos e Sousa, D. G. de, *Reais Joías no Norte de Portugal*, exh., Palacio da Bolsa, Porto, 1995

Ward, A., J. Cherry, C. Gere and B. Cartlidge, *The Ring from Antiquity to the Twentieth Century*, 1981

Zucker, B., *Gems and Jewels*, 1984

1 远古世界

Aldred, C., *Jewels of the Pharaohs*, 1971

Andrews, C., *Ancient Egyptian Jewellery*, 1990

Bland, R., and C. Johns, *The Hoxne Treasure*, 1993

Boardman, J., *Greek Gems and Finger Rings*, 1970

Higgins, R. A., *Greek and Roman Jewellery*, 1961/1980

—*The Aegina Treasure. An Archaeological Mystery*, 1979

Marshall, F. H., *Catalogue of the Finger Rings, Greek, Etruscan and Roman, in the Departments of Antiquities, British Museum* [London], 1907

—*Catalogue of the Greek, Etruscan and Roman Jewellery in the British Museum* [London], 1911

New York: Metropolitan Museum of Art, *Treasures of Early Irish Art*, exh., 1977

Ogden, J., *Jewellery of the Ancient World*, 1982

—*Ancient Jewellery*, 1992

Pforzheim: Schmuckmuseum, *Gold aus Griechenland*, exh., 1992

Richter, G. M., *The Engraved Gems of the Greeks, Etruscans and Romans*, 1968–71

Wilkinson, A., *Ancient Egyptian Jewellery*, 1971

Williams, D., and J. Ogden, *Greek Gold*, exh., 1994

2 拜占庭帝国的辉煌和早期欧洲

Bank, A., Byzantine *Art in the Collections of Soviet Museums*, 1977

Brussels: Musées Royaux d'Art et d'Histoire, *Splendeur de Byzance, exh.*, 1982

Buckton, D., ed., *Byzantium. Treasures of Byzantine Art and Culture*, exh., British Museum, London, 1994

Dodwell, C. *Anglo–Saxon Art. A New Perspective*, 1982

Evans, A. C. *Sutton Hoo Ship Burial*, 1986

Jessup, R., *Anglo–Saxon Jewellery*, 1974

Loverance, R., *Byzantium*, 1994

Megaw, R. and V., *Celtic Art. From its Beginnings to the Book of Kells*, 1990

Ross, M., *Catalogue of the Byzantine and Early Medieval Antiquities in the Dumbarton Oaks Collection* [Washington, D. C.], *Vol. II: Jewelry, Enamels and the Art of the Migration Period*, 1965

Ryan, M., *Metal Craftsmanship in Early Ireland*, 1993

Stead, I. M., *Celtic Art*, 1985

Webster, L, and J. Backhouse, eds, *The Making of England, Anglo–Saxon Art and Culture AD 600– 900*, exh., British Museum, London, 1991

Weitzmann, K., ed., *The Age of Spirituality. Late Antique and Early Christian Art, Third to Seventh Century*, exh., Metropolitan Museum, New York, 1979

Wessel, K., *Byzantine Enamels*, 1969

Wilson, D., *The Anglo–Saxons*, 1981

Youngs, s., ed., *The Work of Angels. Masterpieces of Celtic Metalwork, 6th–9th Centuries AD*, exh., 1989

3 中世纪

Alexander, J., and P. Binski, eds, *The Age of Chivalry. Art in Plantagenet England 1200–1400*, exh., Royal Academy, London, 1987

Campbell, M., *An Introduction to Medieval Enamels*, 1983

—'Gold, Silver and Precious Stones' in *English Medieval Industries*, ed. J. Blair and N. Ramsay, 1991

Cherry, J., *Medieval Craftsmen: Goldsmiths*, 1992

Evans, J., *Magical Jewels of the Middle Ages and the Renaissance*, 1922

Fingerlin, I., *Gürtel des hohen und späten Mittelalters*, 1971

Gauthier, M.–M., *Émaux du Moyen Age occidental*, 1972

Lightbown, R., *Medieval European Jewellery*, 1992

London: Hayward Gallery, *English Romanesque Art 1066–1200*, exh., 1984

London: Museum of London, *Dress Accessories. Medieval Finds from Excavations in London*, 1991

Steingräber, E., *Alter Schmuck*, 1956

Taburet–Delahaye, E., *L'Orfevrerie gothique au Musée de Cluny. XIIIe–début XVe siècle*, 1989

4 文艺复兴

Cellini, B., *Autobiography*, ed. and abr. C. Hope and A. Nova, 1983

Evans, J.: see section 3

Hackenbroch, Y., *Renaissance Jewelley*, 1979

—*Enseignes. Renaissance Hat Jewels*, 1996

Hearn, K., ed., *Dynasties. Painting in Tudor and*

Jacobean England 1530–1630, exh., Tate Gallery, London, 1995

Lesley, P., *Renaissance Jewels and Jeweled Objects from the Melvin Gutman Collection*, 1968

London: Victoria & Albert Museum/Debrett, *Princely Magnifcence. Court Jewels of the Renaissance, 1500–1630*, exh., 1980

Muller, P., *Jewels in Spain 1500–1800*, 1972

Scarisbrick, D., *Tudor and. Jacobean Jewellery*, 1995

Somers Cocks, A., *An Introduction to Courtly Jewellery*, 1980

—and C. Truman, *The Thyssen–Bornemisza Collection. Renaissance Jewels, Gold Boxes and objetss de Vertu*, 1995

Tait, H., *Catalogue of the Waddesdon Bequest in the British Museum*[London], *Vol. I, The Jewels*, 1986

5 巴洛克风格到革命主义

Antwerp: Diamond Museum, *A Sparkling Age. 17th Century Diamond Jewellery*, exh., 1993

Bury, S., *An Introduction to Sentimental Jewellery*, 1985

—*Jewellery 1789–1910–The International Era*, 1991

Chanlot, A., *Les Ouvrages en cheveux, leurs secrets*, 1986

Clifford, A., *Cut–steel and Berlin Iron Jewelle*y, 1971

Cummins, G, and N. Taunton, *Chatelaines. Utility to Glorious Extravagance*, 1994

Gorewa, O., I. Polynina, N. Rachmanov and A. Raimann, *Joyaux du Trésor de Russie*, 1991

Hughes, B. and T, *Georgian Shoe Buckles. Illustrated by the Lady Maufe Collection of Shoe Buckles at Kenwood* [London], 1972

Marquardt, B., *Schmuck. Klassizismus und*

Biedermeier 1780–1850. Deutsch land, Österreich, Schweiz, 1983

Mould, P., *The English Shoe Buckle*, n. d.

Muller, P.: see section 4

Northampton Museum, *Catalogue of Shoe and Other Buckles*, 1981

Scarisbrick, D., *Chaumet*, 1995

6 十九世纪

Baarsen, R., and G. Van Berge, *Jwellery 1820–1920*, [Rijksmuseum, Amsterdam], 1990

Becker, V., *Antique and 20th Century Jewellery*, 1980

Bennet, D., and D. Mascetti, *Understanding Jewellery*, 1989

Bury, S.: see section 5

Cavill, K., G. Cocks and J. Grace, *Australian Jewellers, Gold and Silver–smiths–Makers and Marks*, 1992

Chanlot, A.: see section 5

Clifford, A.: see section 5

Cooper, D., and N. Battershill, *Victorian Sentimental Jewellery*, 1972

Cummins, G., and N. Taunton: see section 5

Ettinger, R., *Popular Jewelry 1840–1940*, 1990

Flower, M., *Victorian Jewellery*, 1951,rev.edn 1967

Gere, C., *Victorian. Jewellery Design*, 1972

—*European and American Jewellery 1830–1914*, 1975

—and G. C. Munn, *Artists' Jewellery: from the Pre–Raphaelites to the Arts and Crafts Movement*, 1989

Hinks, P., *Nineteenth Century Jewelle*y, 1975

—*Victorian Jewellery. A Complete Compendium of over Four Thousand Pieces of Jewellery*, 1991

Koch, M., et al., *The Belle Époque of French Jewellery 1850–1910*, 1991

Köchert, I. H., *Köchert Jewellery Designs 1810–1940*, 1990

Marquardt, B.: see section 5

Munn, G. C., *Castellani and Giuliano*, 1984

Néret, G., *Boucheron*, 1988

New York: Bard Graduate Centre, *Cast Iron from Central Europe 1800–1850*, exh., 1994

New York: Metropolitan Museum of Art, *The Age of Napoleon*, exh., 1989

O'Day, D., *Victorian. Jewellery*, 1974

Rainwater, D. T., *American Jewelry Manufacturers*, 1988

Scarisbrick, D.: see section 5

Schofield, A, and K. Fahy, *Australian Jewellery–19th and Early 20th Century*, 1991

Solodkoff, A., *Russian Gold and Silver*, 1981

Vever, H., *La Bijouterie française au XIXe sièdle*, 1908

Zurich: Museum Bellerive, *De Fouquet 1860–1960–Schmuck Künstler in Paris*, exh., 1984

7 美好年代

Bennet, D., and D. Mascetti: see section 6

Bainbridge, H. C., *Peter Carl Fabergé*, 1949

Barten, S., *René Lalique–Schmuck und Objets d'Art 1890–1910*, 1977

Becker, V., *Art Nouveau Jewellery*, 1985

—*The Jewellery of René Lalique*; exh., Goldsmiths' Hall, London, 1987

Bury, S., *Jewellery 1789–1910*: see section 5

Cumming, E., *Phoebe Anna Traquair 1852–1936*, exh., National Galleries of Scotland, Edinburgh, 1993

Ettinger, R.: see section 6

Gere, C.. *European and American Jewellery*: see section 6

—and G. C. Munn: see section 6

Hapsburg, G. von, and M. Lopato, *Fabergé. Imperial Jeweller*, 1994

Hase, U. von, *Schmuck in Deutschland und Österreich 1895–1914*, 1977

Johnson, P.. and P. Garner, eds, *Art Nouveau, The Anderson Collection* [Sainsbury Centre for Visual Arts, Norwich], n.d.

Karlin, E. Z, *Jewelry and Metalwork in the Arts and Crafts Tradition*, 1993

Koch, M., et al.: see section 6

Köchert, I. H.: see section 6

London: Victoria & Albert Museum, *Exhibition of Victorian and Edwardian Decorative Arts*, 1952

—*Liberty's 1875–1975*, exh., 1975

Martin, S., *Archibald Knox*, 1995

Mourey, G.,A. Vallance et al., *Art Nouveau Jewellery and Fans*, 1973

Nadelhoffer, H., *Cartier*, 1984

Naylor, G., *The Arts and Crafts Movement*, 1971

Paris: Musée des Arts Décoratifs, *René Lalique. Bijoux, Verre*, exh., 1991

Scarisbrick, D.: see section 5

Schofield, A., and K. Fahy: see section 6

Snowman, A. K., *The Art of Carl Fabergé*, 1953

—ed., *The Master Jewelers*, 1990

Solodkoff, A.: see section 6

Tilbrook, A. J., and G. House, *The Designs of Archibald Knox for Liberty and Co.*, 1976

Vever, H.: see section 6

Zapata, J., *The Jewelry and Enamels of Louis Comfort Tiffany*, 1993

Zurich: Museum Bellerive: see section 6

8, 9 二十世纪

概述

Becker, V.: see section 6

Cartlidge, B., *Twentieth−Century Jewelry*, 1985

Cavill, K., G. Cocks and J. Grace: see section 6

Cera, D. F., ed., *Jewels of Fantasy. Costume Jewelry of the 20th Century*, 1992

Field, L., *The Jewels of Queen Elizabeth II. Her Personal Collection*, 1992

Hinks, P., *Twentieth Century British Jewellery 1900−1980*, 1983

Hughes, G., *Modern Jewelry, an International Survey 1890−1963*, 1963

Karlin, E. Z.: see section 6

Lenti, L., *Gioielli e gioiellieri di Valenza: Arte e storia orafa 1825−1975*, 1994

London:Worshipful Company of Goldsmiths, *International Exhibition of Modern Jewellery 1890−1961*,1961

Mulvagh, J., *Costume Jewellery in Vogue*, 1988

Munich: Bayerisches Nationalmuseum, *Müncher Schmuck 1900−1940*, 1990

Néret, G.: see section 6

Proddow, P., D. Healy and Fasel, *Hollywood Jewels*, 1992

Pullée, C., *20th Century Jewelry*,1990

Rainwater, D. T.: see section 6

Rühle−Diebener Publishers, *Schmuck von 1900 bis 1980/ Jewelry from 1900 to 1980*, 1982

Scarisbrick, D.: see section 6

Un Siglo de Joyeria y Bisuteria Española 1890−1990, exh., Institut Balear de Disseny, 1991

Snowman, A. K., ed., T*he Master Jewelers*: see section 7

Vautrin, L., and P. Mauriès, *Line Vautrin. Sculptor, Jeweller, Magician*, 1992

Zurich: Museum Bellerive: see section 6

从装饰艺术时期到20世纪50年代

Bennet, D., and D. Mascetti: see section 6

Ettinger, R.: see section 6

Gabardi, M., *Les Bijoux des années 50*, 1986

—*Art Deco Jewellery 1920−1949*, 1989

Hase−Schmund, U., C. Weber and I. Becker, *Theodor Fahrner−Jewellery between Avant−Grarde and Tradition*, 1991

Menkes, S., *The Windsor Style*, 1987

Nadelhoffer, H.: see section 7

Raulet, S., *Art Deco Jewelry*, 1985

Rudolph, M., *Naum Slutzky. Meister am Bauhaus, Goldschmied und Designer*, 1990

Sotheby's, *The Jewels of the Duchess of Windsor*, sale cat., Geneva, April 1987

Weber, C., *Schmuck−der 20er und 30er Jahre in Deutschland*, 1990

Zurich: Museum Bellerive: see section 6

1960年至今

Anderson, P., *Contemporary Jewellery−The Australian Experience 1977−1987*, 1988

Crafts Council, London, *Crafts Magazine —Shining Through*, exh., 1995

Dormer, P., and R. Turner, *The New Jewelry; Trends and Traditions*, 1985

Drutt English, H., and P. Dormer, *Jewelry of Our Time. Art, Ormament and Obsession*, 1995

Fitch, J., *The Art and Craft of jewellery*,1992

Ghent: Museum voor Sierkunst, *Japanese Contemporary Jewellery*, exh., 1995

Grant Lewin, S., *One of a Kind.American Art Jewelry Today*, 1994

Houston, J.. *Caroline Broadhead.Jewellery in Studio*, 1990

Joppien, R., *Elisabeth Treskow*, exh., Musem fur Angewandte Kunst, Cologne, 1990

London: Lesley Craze Gallery, *Today's Jewels. From Paper to Gold*, exh., 1993

London: Victoria & Albert Museum, *Wendy Ramshaw*, exh., 1982

—*Modern Artists, Jewels*, exh., 1984

—*Kevin Coates*, exh., 1985

—*Gerda Flöckinger*, exh., 1986

—*Fritz Maierhofer*, exh., 1988

Mainz: Landesmuseum, *Schmuckkunst der moderne Grossbritannien*, 1995

Manhart, T., *William Harper. Artist as Alchemist*, exh., Orlando Museum of Art, Fla., 1989

Meyerowitz, P., *Jewelry and Sculpture through Unit Construction*, 1967

Pforzheim: Schmuckmuseum, *Ornamenta 1*, exh., 1989

Scottish Arts Council, Edinburgh, *Jewellery in Europe*, exh., 1975

Turner, R., *Contemporary Jewelry, a Critical Assessment 1945–75*, 1976

Valcke, J., and P.–P. Dupont, *Contemporary Belgian Jewellery*, 1992

Watkins, D., *The Best in Contemporary Jewellery*, 1993

1 Moravke Muzeum, Brno. 2 Photo Peter Clayton. 3 BM. 4 The Metropolian Museum of Art, New York (08.200.30). Photo Peter Clayton. 5 The Metropolian Museum of Art, New York (31.10.8). Photo Peter Clayton. 6 Egyptian Museum, Cairo. Photo Grifith Institute. Ashmolean Museum, Oxford. 7 Archaeological Museum, Heraklion. 8 Egypian Museum, Cairo. Photo Albert Shoucair. 9–14 BM. 15 Photo Jack Ogden. 16 The Metropolian Museum of Art New York, Rogers Fund, 1919(19.2.6). All rights reserved, The Metropolitan Museum of Art. 17. 18 BM. 19 National Museum of Ireland, Dublin. 20 Photo Schweizerisches Landesmuseum, Zurich. 21 BM. 22 San Vitale, Ravenna. 23 Magyar Nemzeti Múzeum, Budapest. 24 Nationalmuseet, Copenhagen. 25 The Dumbarton Oaks Collection (Harvard University), Washington, D. C. 26 The Metropolitan Museum of Art, New York, Gift of J. Pierpont Morgan, 1917 (17.190.1664). All rights reserved, The Metropolitan Museum of Art. 27 BM. 28 The Metropolitan Museum of Art, Gift of J. Pierpont Morgan, 1917(17.190.1670 1671). All rights reserved, The Metropolitan Museum of Art. 29 V&A. 30 Staatliche Museen zu Berlin–Preussischer Kulturbesitz–Antikensammlung. Photo Ingrid Geske. 31 Bayerisches Nationalmuseum, Munich. 32 Antik–ensammlung, Kunsthistorisches Museum, Vienna. 33 The Walters Art Gallery, Baltimore. 34 Museo Arqueológico Nacional, Madrid. 35, 36 BM. 37 Photo Antikvarisk–Topografiska Arkivet, Stockholm. 38 National Museum of Ireland, Dublin. 39 Trésor de la Cathédrale, Reims. 40 Staatliche Museen zu Berlin–Preussischer Kulturbesitz–Kunstgewerbemuseum. 41 Schatzkammer der Residenz, Munich. 42 V&A. 43 The Metropolitan Museum of Art, New York. Robert Lehmann Collection (1975.1.110). All rights reserved, The Metropolitan Museum of Art. 44 V&A. 45, 46 Museum zu Allerheiligen, Schaffhausen. 47 Statens Historiska Museum, Stockholm. 48 Museo del Castelvecchio, Verona. Photo Scala. 49 Carrand Collection, Museo Nazionale del Bargello, Florence. Photo Scala. 50 Schatzkammer, Kunsthistorisches Museum, Vienna. 51 The Metropolitan Museum of Art, New York, Gift of J. Pierpont Morgan, 1917 (17.190.963). All rights reserved, The Metropolitan Museum of Art. 52 Cracow Cathedral. 53 V&A. 54 Schatzkammer der Residenz, Munich. 55 V&A. 56 © Photo Bibliothèque nationale de France, Paris. 57 By courtesy of The National Portrait Gallery,

London. **58** Galleria degli Uffizi, Florence. Archivi Alinari. **59** Bayerisches Nationalmuseum, Munich. **60** BM. **61** V&A. **62** BM.**63** V&A. **64** Biblioteca Ambrosiana, Milan. **65** Wernher Collection, Luton Hoo, Beds. **66** Alte Pinakothek, Munich. **67** Reproduced by permission of the Marquess of Bath, Longleat House, Warminster, Wilts. **68** Kunsthistorisches Museum, Vienna. **69** Schatzkammer der Residenz, Munich. **70** Ashmolean Museum, Oxford. **71, 72** Private collection. **73** Hatfield House. By courtesy of the Marquess of Salisbury. Photo The Fotomas Index. **74** Museum of London. **75, 76** V&A. **77** Scottish National Portrait Gallery, Edinburgh. **78, 79** V&A. **80** Museo Nacional del Prado, Madrid. **81** V&A. **82** Museum Mayer van den Bergh, Antwerp. Copyright IRPA–KIK, Brussels. **83, 84** Rijksmuseum, Amsterdam. **86, 87** V&A. **88** BM. **89** V&A. **90** Russian Diamond Fund, Moscow. Photo from Olga W. Gorewa et al., *Joyaux du Trésor de Russie*, La Bibliothèque des Arts, Paris, and Disertina Verlag, Disentis/Münster, 1991. **91, 92** V&A. **93** Schatzkammer der Residenz, Munich. **94** V&A. **95** © Photo Bibliothèque nationale de France, Paris. **96–100** V&A. **101** Château de Versailles. © Photo R. M. N. **102** Musée des Arts Décoratifs, Paris. Photo L. Sully-Jaulmes. **103** V&A. **104** Sotheby's, London. **105** V&A. **106** Los Angeles County Museum of Art. Gilbert Collection. **107, 108** V&A. **109** Palácio Nacional de Ajuda, Lisbon. By courtesy of P. N. A. /I. P. P. A. R. **110** The Wallace Collection, London. **111** © Christie's. **112** The Russian Diamond Fund, Moscow. **113** Devonshire Collection, Chatsworth. Reproduced by permission of the Chatsworth Settlement Trustees. **114** From Ronald Sutherland Gower, *Sir Thomas Lawrence*, 1900. **115** V&A. **116, 117** BM. **118** Ashmolean Museum, Oxford. **119** BM. **120–123** V&A. **124** Collection: Powerhouse Museum, Sydney. Photo by Andrew Frolows. **126** Cartier Paris Archives. **127** Tiffany & Co., New York. **128** Wartski Ltd, London. **129** The Danish Museum of Decorative Art, Copenhagen. **130** Österreichisches Museum für angewandte Kunst, Vienna. **131** Musée des Arts Décoratifs, Paris. Fonds Vever. **132** Musée des Arts Décoratifs, Paris. **133** The Worshipful Company of Goldsmiths, London. **135** Private collection. **136** V&A. **137** Wartski Ltd, London. Photo Larry Stein. **138** Österreichisches Museum für angewandte Kunst, Vienna. **139, 140** V&A. **141** Charles Hosmer Morse Museum of American Art, Winter Park, Fla. **142** The Danish Museum of Decorative Art, Copenhagen. Photo Georg Jensen Museum. **143** Boucheron, Paris. **144** The Cartier Collection, Geneva. **145** Tadema Gallery, London. **146, 147** V&A. **148** The Cartier Collection, Geneva. **149** Musée des Arts Décoratifs, Paris. Fonds Fouquet. **150** ET Archives, London. **151** Sotheby's, London. **152** V&A. **153** Cartier Paris Archives. **154** Van Cleef et Arpels, Paris. **155** Sotheby's, London. **156** Courtesy Verdura, New York. **157** V&A. **158** Courtesy Georg Jensen Museum, Copenhagen. **159** Courtesy Gijs Bakker. Photo Rien Bazen. **160** Courtesy Otto Künzli. **161** Courtesy Nel Linssen. **162** V&A. **163** Courtesy ROY. **164** The Worshipful Company of Goldsmiths, London. Courtesy Andrew Grima. **165** Private collection. Courtesy Gerda Flöckinger. Photo V&A. **166** Schmuckmuseum, Pforzheim. **167–170** V&A. **171** Courtesy Wendy Ramshaw, **172** V&A. **173** Courtesy Friedrich Becker. **174** Courtesy Bruno Martinazzi. Photo by the artist.

译后记

　　珠宝，是人类社会中让回忆永葆生命的神奇存在。它不果腹、不遮体也不实用，佩戴在身体上有时还是行动的"累赘"，甚至人们为了佩戴还不惜剃掉头发、打穿耳垂。尽管如此，这些小小的金属和矿石却从古至今一直稳居人类需求金字塔的上端，与荣誉、权势、纪念、祝福、爱情甚至生死等人生重大事件有着密不可分的重要联系。

　　古董珠宝的这种跨越时代、种族和性别的魅力，不仅仅是因为制作材料的名贵和华美，回顾历史，珠宝所凝结的人类工艺结晶与文化内涵也是令其经历万世却依然魅力不减的重要原因。无论是公元前3万年远古人佩戴的兽骨吊坠，还是装饰艺术时期的珠宝臻品，都是当时的制作者凭借时间积累、手艺雕琢，将稀有美丽的材料，制作而成的一个可以体现物质价值、情感寄托和审美表达的聚合体。即每件珠宝都是自然物质精华、人类生产力水平和精神文化淬炼聚合的体现，这既是古董珠宝本身的独特价值，也成就了其被誉为人类瑰宝的文化地位。

　　随着生活水平的提高和消费时代的到来，珠宝作为一种特殊的商品走进千家万户，再不是昔日王权贵族的独享。机械化生产对珠宝产量的提升和商品化的市场营销，使得人们更关注珠宝的品牌光环和材料价值，历经几个世纪沉淀的内涵与文化却逐渐被忽视。很少有人还知道珠宝曾经像情人节的玫瑰、母亲节的康乃馨一样是传情达意的重要物品，设计和材料的选用都曾蕴含着特别的寓意。正如本书中所介绍的古董珠宝中勿忘我花造型代表了真爱，铃兰象征着重拾快乐，骷髅则提醒着人类死亡是不可避免的，而首尾相连的蛇身造型又代表了永恒，那些用排列的宝石名称首字母组成的"藏头诗"珠宝，更是充满了浪漫与含蓄的语言。

随着国内古董珠宝热潮和自媒体的发达，现在各种媒介都不乏关于珠宝文化的文章，但内容却良莠不齐，有的甚至为达商业目的而误导受众，所以把一些有学术价值的优秀国外版权书分享给中国读者势在必行。最终我们将这本英国珠宝学家克莱尔·菲利普斯（Clare Phillips）的经典名著Jewelry: From Antiquity to the Present，带给大家，希望这本《珠宝圣经》可以为渴求了解珠宝文化的中国读者们打开一扇通向探索之路的门。

本书内容精炼扎实，语言通俗，言简意赅、图文并茂地将远古至今的珠宝发展节点、重要历史事件及人物都囊括其中，非常适合珠宝爱好者、相关专业在校生、时尚行业人士、设计师和历史文化爱好者阅读。读完全本，相信读者可以初步建立起一个珠宝发展的时间轴线，对于一些珠宝设计风格、款式名称，工艺方式也有所了解，为日后更深程度的学习和研究打下坚实的基础。不过毕竟篇幅有限，且珠宝本身也在不断随时代和流行发展，有很多新的知识需要不断积累。所以我们搭建了微信交流平台，希望本书也可以成为连接作者与读者的桥梁，共同学习的纽带。读者朋友可以关注本书的读者俱乐部微信公众号"古今珠宝研习社"，分享交流阅读体会，提出意见和见解，我们也将和国内外的珠宝收藏家及研究者一起，围绕书中的内容，在公众号发布一系列拓展阅读的专题并组织一些交流活动，陪伴读者一起重温珠宝历史、品味珠宝内涵、传承珠宝文化。

柴晓

2019年3月

图书在版编目（CIP）数据

珠宝圣经 /（英）克莱尔·菲利普斯（Clare Phillips）著；
别智韬，柴晓译 . — 北京：中国轻工业出版社，2024.1
　　ISBN 978-7-5184-2460-3

　　Ⅰ . ①珠… Ⅱ . ①克… ②别… ③柴… Ⅲ . ①宝石 – 基
本知识 Ⅳ . ① TS933.21

中国版本图书馆 CIP 数据核字（2019）第 078653 号

责任编辑：杜宇芳
策划编辑：杜宇芳　　责任终审：劳国强　　封面设计：伍毓泉
版式设计：锋尚设计　　责任校对：吴大鹏　　责任监印：张　可

出版发行：中国轻工业出版社（北京鲁谷东街5号，邮编：100040）
印　　刷：鸿博昊天科技有限公司
经　　销：各地新华书店
版　　次：2024年1月第1版第5次印刷
开　　本：720×1000　1/16　印张：13.75
字　　数：250千字
书　　号：ISBN 978-7-5184-2460-3　定价：128.00元
邮购电话：010-85119873
发行电话：010-85119832　010-85119912
网　　址：http://www.chlip.com.cn
Email：club@chlip.com.cn
版权所有　侵权必究

240026W3C105ZYW